军迷·武器爱好者丛书

航空母舰战斗群

陈泽安／编著

JUNMI WUQI AIHAOZHE CONGSHU

海豚出版社
DOLPHIN BOOKS

CICG 中国国际传播集团

前言

航空母舰战斗群，是指以航空母舰为核心，由若干艘巡洋舰、驱逐舰、护卫舰及航空母舰飞行大队组成的战斗武器综合体。航空母舰战斗群的指挥官一般直属于该水域的编号舰队，他们通过航空母舰战斗群对指定陆上或海上目标，进行战斗、战术及战略攻击。

从日德兰海战开始，航空母舰成为海战的主力舰。飞机加入后，各国开始试验让飞机由舰船上起降。

第二次世界大战期间，航空母舰战斗群进入实战阶段，太平洋战争成为美国与日本航空母舰战斗群的决战，其中最有名的例子当数中途岛海战。英国皇家海军也有一些规模较小的航空母舰战斗群在大西洋、地中海及太平洋地区作战的例子。

冷战期间，美国与苏联的航空母舰战斗群的任务就是在双方冲突当中保护各自航线。当时，苏联的应对策略是用潜艇追踪北约的每一个航空母舰战斗群，若发现有敌对行为则攻击航空母舰；或者利用飞机及水面舰艇发射大量反舰导弹展开打击。美国海军为应对这种情况，便提升反潜作战能力及水面舰艇作战系统的作战能力，同时发展了新一代的舰载与空载作战系统，强化多目标接战能力。

进入 21 世纪，航空母舰战斗群的作用正逐渐增强，航空母舰战斗群在战时价值巨大，能实施远程打击，对敌方构成强大威慑。当前，航空母舰战斗群作为远洋军事力量的核心，已成为国家力量的象征，具备远程打击与战略威慑能力。未来，随着技术革新、无人化、隐身化舰载机及新概念武器的应用，航空母舰战斗群将进一步提升作战效能，塑造全新的海空作战模式，成为未来战场的重要力量。

目 录

● 英国航空母舰战斗群

● 法国航空母舰战斗群

● 意大利航空母舰战斗群

● 苏联 / 俄罗斯航空母舰战斗群

● 印度航空母舰战斗群

美国航空母舰战斗群

　　美国航空母舰战斗群已经成为美国军事战略的重要支柱，是美国展示国家力量、支持外交政策、保护国家利益、制止危机和冲突的最有效的兵力。 美国航空母舰战斗群具备很强的作战能力，是按照能够同时打赢两场高技术背景下的局部战争而部署的。

　　美国目前拥有 11 艘航空母舰，其中包括 10 艘尼米兹级核动力航空母舰和 1 艘福特级核动力航空母舰。尼米兹级核动力航空母舰可以携带 75 架舰载机，是美国航空母舰的主要作战力量。

　　在大多数情况下，一个航空母舰战斗群的最前方是 1 架预警机及 4 架战斗机；预警机后方水面上是 1 艘巡洋舰，该巡洋舰一般是航空母舰战斗群的指挥舰；水下是 2 艘攻击型核潜艇；巡洋舰后面就是主角——核动力航空母舰；航空母舰的左右两侧是 2 艘驱逐舰；航空母舰的后面是 1 艘大型补给舰。整个航空母舰战斗群共由 7 艘战舰组成。每艘航空母舰都编制 1 个舰载机联队，下辖 4 个攻击战斗机中队，编有战斗机、电子战攻击机、反潜直升机、救援直升机等。

　　本文分别介绍了以尼米兹级核动力航空母舰为首的战斗群和以福特级核动力航空母舰为首的战斗群，由于两个战斗群所配备的战舰、战斗机以及其他武器大部分是相同的，所以将这些武器集中在一起介绍。

尼米兹级核动力航空母舰

■ 简要介绍

尼米兹级核动力航空母舰是美国海军现役的一款核动力多用途航空母舰，其以强大的作战能力和远洋航行能力成为美国海军远洋战斗群的核心力量。该级航空母舰以第二次世界大战时期的太平洋舰队司令切斯特·威廉·尼米兹命名，自 1975 年首舰服役以来，全部 10 艘已加入美国海军现役。

尼米兹级核动力航空母舰的研发始于 20 世纪 60 年代，是在"企业"号核动力航空母舰基础上发展而来的美国海军第二代大型核动力航空母舰。该级航空母舰采用双反应堆设计，动力强劲，满载排水量超过 10 万吨，能够搭载多种不同用途的舰载机，对敌方飞机、船只、潜艇和陆地目标发动攻击，并保护美国海上舰队和海洋利益。

自服役以来，尼米兹级核动力航空母舰一直是美国海军的重要战略资产，多次参与全球范围内的军事行动和演习，展现了其卓越的作战能力和战略价值。

基本参数	
舰长	332.8 米
舰宽	40.8 米
吃水	11.3 米
排水量	101196 吨（满载）
动力	2座A4W核反应堆
航速	30节
乘员	6054 人

■ 结构特点

尼米兹级核动力航空母舰前 2 艘配备 3 套 BPDMS 系统，每套由 1 个 MK-25 八联装防空导弹发射器以及 1 个由人工操作的 MK-71 雷达 / 光学瞄准平台控制构成；后续舰则改用 3 套改良型防御导弹系统，包含 MK-91 火控雷达与 MK-29 轻量化八联装发射器，并加装 4 座 MK-15 CIWS 系统。前 2 艘在翻修时也换装了 IPDMS 系统、MK-15 与 MK-91，都装设了完整的海军战术资料系统以及反潜目标鉴定分析中心。

尼米兹级核动力航空母舰

相关链接 >>

　　尼米兹级核动力航空母舰的命名源
自美国海军名将、十大五星上将之一的
切斯特·威廉·尼米兹。太平洋战争爆发后，
尼米兹担任美国太平洋舰队司令、太平洋
战区盟军总司令等职务，主导对日本作
战，战后担任海军作战部长直至1947
年退役。为表示纪念，美国将他的
名字用于其去世后建造的第一艘
航空母舰。

福特级核动力航空母舰

■ 简要介绍

　　福特级核动力航空母舰是美国海军为应对21世纪海上挑战而研制的新一代超级航空母舰，也是继企业级和尼米兹级之后的第三代核动力航空母舰。该级航母以其强大的作战能力和先进的技术设计，成为美国海军未来舰队的核心力量。

　　福特级航母的研发始于1996年，作为尼米兹级航母的后继项目，美国海军在设计中充分考虑了未来战争的需求和技术的发展。经过多年的论证和试验，首舰"福特"号于2005年开工建造，并于2017年正式服役。该级航母采用了许多创新技术，如电磁弹射系统、全电推进系统等，使其作战能力得到了显著提升。

　　截至目前，福特级航母的首舰"福特"号已经服役多年，并完成了多次海上部署和作战任务。未来，美国海军计划建造更多福特级航母，以逐步替换现役的尼米兹级航母，保持其海上力量的全球领先地位。

基本参数	
舰长	367米
舰宽	78米
吃水	12米
排水量	112000吨（满载）
航速	超过30节（约56千米/时）
动力	2座A1B核反应堆

■ 性能特点

　　"福特"号航空母舰大量采用先进的侦察、电子战系统以及C4I设备，以符合美国海军未来IT-21联网作战的要求。指挥管制中枢是Common C2 System共同作战指挥系统，能整合舰上一切指管通情系统与武器射控功能。防卫武器包括MK-15 Block 1B"密集阵"近程防御武器系统、RAM"公羊"近程防空导弹发射器、MK-29"海麻雀"防空导弹发射器等。

▲ 福特级核动力航空母舰

相关链接 >>

　　福特级核动力航空母舰是美国第一款利用计算机辅助工具设计的航空母舰。应用虚拟影像技术，工程师在设计过程中就能精确模拟每一个设计细节，并且预先解决相关的布局问题，对各部件实际制造的掌握精确度也大幅提高。此外，计算机辅助工具也容许多组团队在同一时间分别进行设计开发，以节约时间。

提康德罗加级导弹巡洋舰

■ 简要介绍

提康德罗加级导弹巡洋舰是美国海军现役的唯一一级巡洋舰，也是美国海军第一款正式使用"宙斯盾"作战系统的主战舰艇，具备出色的防空、反潜和对海作战能力。该级巡洋舰以其高度的自动化和信息化水平，成为美国海军舰队中的重要组成部分。

提康德罗加级巡洋舰的研发始于20世纪70年代末至80年代初，其设计基于斯普鲁恩斯级驱逐舰的船体结构，并进行了多项技术改进和创新。在研发过程中，美国海军充分借鉴了前代舰艇研发的经验，并结合当时先进的技术成果，最终成功研制出了这款性能卓越的巡洋舰。

提康德罗加级巡洋舰自1983年服役以来，一直是美国海军舰队中的中坚力量。该级巡洋舰共建造了27艘，目前仍有部分舰艇在役。作为航空母舰战斗群的主要指挥中心，提康德罗加级巡洋舰为航空母舰提供了强大的防空和反潜保护，并在多次国际军事行动和演习中发挥了重要作用。

基本参数	
舰长	173 米
舰宽	16.8 米
吃水	9.5 米
排水量	7015~9590吨
动力	4 台通用电气 LM2500 燃气轮机全燃联合动力（COGAG）
航速	30 节
乘员	军官：19 人 舰员：368 人

■ 性能特点

提康德罗加级导弹巡洋舰最引人注目的是首次装备了"宙斯盾"作战系统。该系统反应速度快，主雷达从搜索方式转为跟踪方式仅需0.05秒，能有效对付掠海飞行的超声速反舰导弹；抗干扰性能强，可在严重电子干扰环境下正常工作；可综合指挥舰上的各种武器，同时拦截来自空中、水面和水下的多个来袭目标；可对目标威胁自动评估，优先击毁威胁最大的目标。

相关链接 >>

提康德罗加级导弹巡洋舰的主要武器装备有：2门MK-45舰炮；2具MK-26 Mod5双臂发射器，可装填"标准"SM-2MR防空导弹或"阿斯洛克"反潜导弹；16组八联装MK-41垂直发射器，可装填标准SM-2防空导弹、"战斧"巡航导弹、垂直发射反潜导弹。进入21世纪，舰上装备又增加了ESSM近程防空导弹、SM-3反弹道导弹、战术型"战斧"巡航导弹等。

▲ 提康德罗加级导弹巡洋舰

阿利·伯克级导弹驱逐舰

■ 简要介绍

阿利·伯克级导弹驱逐舰是美国海军以防空为主的一款多用途大型导弹驱逐舰，以"宙斯盾"战斗系统为核心，结合 MK-41 垂直发射系统，实现了高效的舰队防空和综合作战能力。其是世界上最先配备四面相控阵雷达的驱逐舰，具有出色的目标搜索、跟踪和拦截能力。

阿利·伯克级驱逐舰的研发始于 20 世纪 70 年代中期，最初被称为 DD-X 计划。该计划旨在替换老旧的导弹驱逐舰，并作为提康德罗加级巡洋舰的补充力量。经过多轮设计和可行性研究，DD-X 计划于 20 世纪 80 年代正式更名为 DDG-51，即阿利·伯克级驱逐舰。首舰"阿利·伯克"号于 1988 年开工建造，1991 年服役。

阿利·伯克级驱逐舰自服役以来，已成为美国海军水面舰队的核心力量之一。其以优异的性能和可靠性，在多次国际军事行动和演习中发挥了重要作用。截至目前，阿利·伯克级驱逐舰仍在不断建造和升级中，以适应未来海上作战的需求。

基本参数	
舰长	155.3米
舰宽	20.1米
吃水	10.4米
排水量	约9558吨
动力	4台LM2500-30燃气涡轮发动机
航速	31节
乘员	军官: 32 人 舰员: 348 人

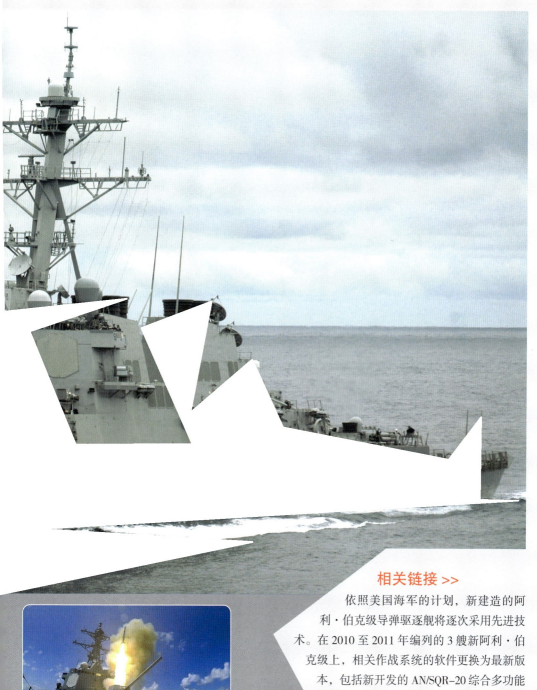

▲ 阿利·伯克级导弹驱逐舰发射"标准"–2 防空导弹

相关链接 >>

依照美国海军的计划，新建造的阿利·伯克级导弹驱逐舰将逐次采用先进技术。在 2010 至 2011 年编列的 3 艘新阿利·伯克级上，相关作战系统的软件更换为最新版本，包括新开发的 AN/SQR–20 综合多功能拖曳阵列声呐系统以及配套的 AN/SQQ–89A(V)15 水下作战系统。而在 2012 年建造的 6 艘改进型 Flight Ⅱ A 则开始采用若干 DDG–1000 的技术，包括全新电力供应系统与发电机。

洛杉矶级核动力攻击型潜艇

■ 简要介绍

洛杉矶级核动力攻击型潜艇是美国海军的一款快速攻击型核潜艇，也是美国的第五代攻击型核潜艇。其以高速、多用途和强大的作战能力著称，是美国海军攻击型核潜艇的中坚力量。

洛杉矶级核潜艇的研发始于20世纪60年代中期，正值美苏冷战期间。面对苏联新研发的维克托级高速攻击型核潜艇的威胁，美国海军急需一种能在长时间内搜索、跟踪并多次攻击敌舰的新式武器。因此，美国从1964年起着手研究新型高速核潜艇，正式研发工作于1968年开始进行。洛杉矶级核潜艇的命名也反映了美国海军对其重要性的认识提升，首次采用了城市命名规则，而非以往的海洋生物命名规则。

洛杉矶级核潜艇的首艇"洛杉矶"号于1972年开工建造，1976年服役，到1996年共建造了62艘，成为美国海军有史以来建造数量最多的核潜艇，这些潜艇由纽波特纽斯造船公司和通用动力电船公司联合建造。洛杉矶级核潜艇已有部分退役。

基本参数	
艇长	110 米
艇宽	10.1米
吃水	9.4 米
排水量	6080 吨（水上） 6927 吨（潜航）
动力	1 座通用电气 S6G 压水反应堆
航速	20 节以上（水上） 30 节以上（潜航）
潜航深度	450 米
乘员	133 人

■ 性能特点

洛杉矶级核动力攻击型潜艇 688-Ⅰ 型装备了 BSY-1 作战指挥控制系统；第一批中 SSN-688 至 SSN-699 初服役时安装了 MK-113 Mode 10 鱼雷射击指挥仪，后又改装成可以指挥控制"沙布洛克"反潜导弹的 MK-117 鱼雷射击指挥仪。第一批 31 艘潜艇可装备 8 枚从鱼雷管发射的"战斧"巡航导弹；第二批 31 艘潜艇装备了 12 管巡航导弹垂直发射装置，总共可装备 20 枚"战斧"巡航导弹。

相关链接 >>

从综合性能方面来说，洛杉矶级核动力攻击型潜艇超过了美国海军以往研制的任何型号的攻击型核潜艇。它解决了美国海军的四个关键技术问题：一是发展先进的潜艇武器系统，增强攻击型核潜艇的作战能力；二是提高水下航速，增强水下高速航行时的稳定性；三是提高隐身性能；四是拓展攻击型核潜艇的用途。

▲ 早期建造的洛杉矶级核动力攻击型潜艇内部

海狼级核动力攻

■ 简要介绍

海狼级核动力攻击型潜艇是美国海军在 20
世纪 80 年代至 21 世纪初建造的一款先进核潜
艇，旨在执行反潜、反舰和对陆攻击等任务。
其以高度自动化、高隐身性能和强大的武器系
统而著称。

海狼级核潜艇的研发始于冷战期间，其设
计理念注重在开阔海域和沿海区域进行长时间
潜伏和快速打击。经过一系列的研究和试验，
首艘海狼级核潜艇于 1997 年正式服役。然而，
由于预算限制和国际形势的变化，原计划建造
的海狼级核潜艇数量最终并未全部实现。尽管
如此，已服役的海狼级核潜艇仍在美国海军中
发挥着重要作用，展示了其卓越的隐蔽性和强
大的作战能力。

基本参数	
艇长	107.6 米
艇宽	12.2 米
吃水	10.7 米
排水量	7568 吨（水上） 9142 吨（潜航）
动力	1座S6W型压水反应堆
航速	20 节以上（水上） 35 节（潜航）
潜航深度	610 米
乘员	133 人

■ 性能特点

海狼级核潜艇共有 8 具鱼雷管，较以往的
美国潜艇多出 1 倍，因而每次装填武器之后能
接战的次数多 1 倍，武器载量也增至 50 枚。由
于海狼级核潜艇是专门用来"猎杀"苏联潜艇的，
所以并未配备对陆巡航导弹的垂直发射系统。
舰上可用的武装包括 MK-48 鱼雷先进能力型、
"鱼叉"反舰导弹、"战斧"巡航导弹等，未来
也会配备发展中的先进巡航导弹。

▲ 海狼级核动力攻击型潜艇

相关链接 >>

海狼级核潜艇的命名与编号严重打乱了美国海军的命名规则：SSN-21本是计划代号，后来竟变成首舰编号；"海狼"也打破了自洛杉矶级核潜艇启用的城市命名规则，重返以往潜艇的海洋生物命名规则；但第二艘以"康涅狄格州"为名；第三艘又以前总统"吉米·卡特"命名，理由是他从军时曾在潜艇上服役。

弗吉尼亚级核动力攻击型潜艇

■ 简要介绍

　　弗吉尼亚级核动力攻击型潜艇是美国海军的主力攻击型核潜艇之一，是一款具有高度隐身性能、多任务执行能力和先进武器系统的核动力潜艇。

　　弗吉尼亚级核潜艇的研发始于冷战结束后，美国海军为应对新的战略环境，急需一款既经济又高性能的攻击型核潜艇来替代即将退役的洛杉矶级核潜艇，并同时满足远洋和近海作战需求。该项目于 20 世纪 90 年代初期开始论证，1998 年正式开工建造首艇"弗吉尼亚"号。在研发过程中，弗吉尼亚级核潜艇借鉴了海狼级核潜艇的先进技术，并进行了多项创新设计，以降低成本并提升作战效能。

　　弗吉尼亚级核潜艇首艇"弗吉尼亚"号于 2004 年正式服役，标志着该级潜艇正式成为美国海军的一员。截至目前，已有数十艘弗吉尼亚级核潜艇陆续服役，成为美国海军近海和远洋作战的重要力量。这些潜艇在执行反潜、反舰、对陆攻击、情报收集与监视等多种任务中均表现出色，展示了其卓越的性能和广泛的用途。

基本参数	
艇长	114.91米
艇宽	10.36米
吃水	10.1米
排水量	7800吨
动力	1座S9G 型压水反应堆
航速	25 节以上（水上） 34 节（潜航）
潜航深度	250米
乘员	军官：14 人 舰员：120 人

■ 性能特点

　　弗吉尼亚级核动力攻击型潜艇在艇首球形声呐的后方装备有 12 具巡航导弹垂直发射筒，可发射射程为 2500 千米的对陆攻击型"战斧"巡航导弹，能够对陆地纵深目标实施打击。未来，还会加装正在研发中的先进对地攻击导弹。另外，它还装备了 4 具鱼雷发射管，可以发射 MK-48 鱼雷、"鱼叉"反舰导弹以及布放"捕食者"水雷或其他新型水雷。

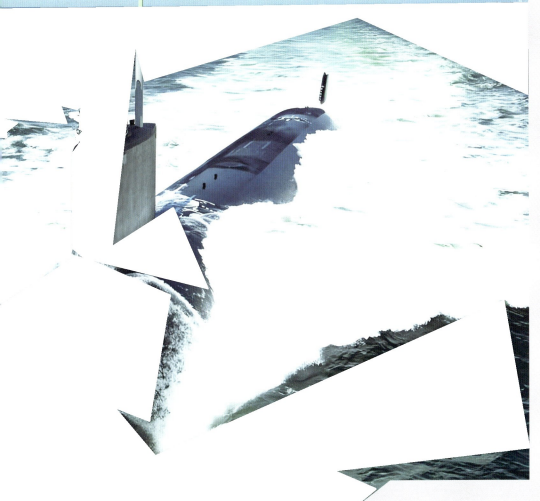

相关链接 >>

弗吉尼亚级核动力攻击型潜艇是美国海军第一款同时针对大洋和浅海两种环境设计作战能力的攻击型核潜艇。它采用自动导航控制设备，主要突出其近海作战能力，包括执行攻击式/防御式布雷、扫雷、特种部队投送/回撤、支援航母作战编队、情报收集与监视、使用新型"战斧"巡航导弹精确打击陆上目标等任务。

▲ 弗吉尼亚级核动力攻击型潜艇

供应级快速战斗支援舰

■ 简要介绍

供应级快速战斗支援舰是美国海军在萨克拉门托级的基础上改进的最新一级快速战斗支援舰，具备高速航行能力、强大运载能力和高效补给系统。其能够携带大量燃油、弹药、淡水等物资，并在航行中快速补给作战舰队，确保舰队的持续作战能力。

供应级快速战斗支援舰的研发始于20世纪80年代初，经过数年的可行性研究和合同设计，首舰于1989年开始建造，1994年正式服役。该级舰由圣迭戈国家钢铁和造船公司负责建造，共建造了4艘（AOE-6 "供应"号、AOE-7 "莱纳"号、AOE-8 "北极"号、AOE-10 "桥梁"号）。

供应级快速战斗支援舰自服役以来，凭借其卓越的性能和强大的补给能力，在美国海军的多次海外部署和军事行动中发挥了重要作用。其具备与作战舰艇基本相当的高速航行能力，不会对航母战斗群的战术机动造成影响。同时，其先进的补给装置和全面的货物转运系统，使得补给效率大幅提高，为舰队提供了坚实的后勤保障。

基本参数

基本参数	
舰长	229.8 米
舰宽	32.6 米
吃水	11.9 米
排水量	48800吨
动力	4台LM2500燃气轮机
航速	25 节
补给能力	超过 177000 桶燃料 2150 吨弹药 500 吨干货 250 吨冷藏补给

■ 性能特点

供应级快速战斗支援舰配有先进的补给装置，设有 1 套全面的货物转运系统和 1 个专门的货物控制中心。它有 5 个燃料站、6 个海上补给站、4 个 10 吨货斗，以及 2 个直升机的垂直补给位置，机库可容纳 3 架 UH-46E 海上直升机。该舰能携带超过 177000 桶燃料和 2150 吨弹药、500 吨干货、250 吨冷藏补给。此外，它还有相应的防御火力。

相关链接 >>

　　由于运营成本高昂，"供应"号于2001 年 7 月退役，被转交给军事海运司令部，后作为美国海军辅助舰艇继续服役。2002 年 6 月，"北极"号同样被转交给军事海运司令部。2003 年 8 月和 2004 年 6 月，"莱纳"号和"桥梁"号也分别加入其中。该级舰重新活跃在海军辅助舰队中，被命名为 T-AOE。

▲ 供应级快速战斗支援舰

亨利·J. 凯泽级燃油补给舰

■ 简要介绍

亨利·J.凯泽级燃油补给舰是美国海军于20世纪80年代研制的一款燃油补给舰。该级舰专为在基地港口到舰队间穿梭支援航母战斗群,并向其他综合补给船进行再补给而设计,是海军航行补给船队的主要燃油补给船。

亨利·J.凯泽级燃油补给舰于1982年开始研发,计划建造18艘,但实际上共建造了16艘,建造工作于1996年5月完成。每艘舰能够装载180000桶燃油,其携带的燃油量足以对航母战斗群进行3次燃油补给。该级舰采用商用油轮标准设计,具有较高的自动化程度和出色的补给能力。

目前,美国海军现役的亨利·J.凯泽级燃油补给舰共有14艘,是保障美国海军舰队燃油补给的重要力量。此外,该级舰还配备了自卫武器,增强了其在复杂海况下的自我防御能力。

基本参数	
舰长	206.5 米
舰宽	29.7 米
吃水	10.7 米
排水量	42382 吨(满载)
动力	2 台柯尔特·皮尔斯蒂克中速 PC4-2/2 10V-570 柴油发动机
航速	20 节

■ 性能特点

亨利·J.凯泽级燃油补给舰的居住性较好,自动化程度较高。所有主、辅机通过集中控制站遥控和监控。计算机管理系统可以监视船上燃油、润滑油、航空燃油的储量。武器为1座"密集阵"近程防御武器系统,电子设备为2部雷神公司的导航雷达,电子战系统为1套SLQ-25"水精"拖曳鱼雷诱饵。该级舰能装载180000桶燃油。

相关链接 >>

亨利·J.凯泽级燃油补给舰既可以保障几千吨的护卫舰的补给，也可以保障10万吨以上的核动力航空母舰的补给。当实施横向补给的编队进行补给的时候，各舰需前往会合点，然后再进行补给。亨利·J.凯泽级燃油补给舰由于效率高，可同时为2艘军舰提供补给，这种补给方式是最为常见的方式。航行补给时，编队航速很慢，需要确保补给区域内的安全，更要防止敌方偷袭。

▲ 亨利·J.凯泽级燃油补给舰

刘易斯与克拉克级干货弹药补给舰

■ 简要介绍

　　刘易斯与克拉克级干货补给舰是美国海军为提升海上后勤保障能力而设计、建造的一款大型干货补给舰，主要用于为舰队提供弹药和必需品等补给。该级舰以其庞大的装载能力和高效的补给系统，成为美国海军远洋作战行动中的关键支持舰艇。

　　20 世纪 90 年代，随着美国海军各型补给舰艇的相继老化和退役，后勤保障能力面临挑战。为满足海上补给需求，美国海军决定建造刘易斯与克拉克级干货补给舰。该级舰的舰名源于 19 世纪横穿北美大陆的远征探险者梅里韦瑟·刘易斯上尉和威廉·克拉克少尉，以纪念他们的探险精神。

　　刘易斯与克拉克级干货补给舰共建造了 14 艘，至今全部在役。首舰"刘易斯与克拉克"号于 2004 年 4 月开工建造，2006 年 6 月服役，舷号 T-AKE1。最新一艘"凯萨·查维斯"号于 2013 年交付美国海军，舷号 T-AKE14。这些舰艇在服役期间，多次参与美国海军的全球部署和军事行动，为舰队提供了及时有效的补给支持。

基本参数	
舰长	210 米
舰宽	32.2 米
吃水	9.5 米
排水量	41592 吨（满载）
动力	4台16PC2.5V400型柴油机
航速	20 节
补给能力	6675 吨干货弹药 3442 吨燃油 1716 吨冷冻物资 200 吨便携淡水

■ 性能特点

　　刘易斯与克拉克级干货弹药补给舰集燃油、弹药、备品补给等几种功能于一身，采用商船标准建造，动力则采用柴油机综合电力系统。舰的左舷设有 1 个燃油补给站、3 个干货弹药补给站；右舷设有 1 个燃油补给站、2 个燃油接收站、2 个干货弹药补给站、1 个干货弹药接收站。船上共有 6 部载重量为 7257.48 千克的升降机，每个货舱 2 部。

相关链接 >>

刘易斯与克拉克级干货弹药补给舰装有美国海军补给舰第一套货物管理系统，船员利用条形码扫描机和软件，可以追踪任何一件物品；航空母舰编队指挥官可以精确定位舰上任何一件货物，大幅缩短了查找货物的时间。同时，它是美国海军第一款不对臭氧层产生有害气体的军舰，还装有联合污水和可再生回用废水处理系统，可以尽量减少有害液体排放。

▲ 刘易斯与克拉克级干货弹药补给舰

F-35C "闪电" II战斗机

简要介绍

F-35C"闪电"II战斗机是美国洛克希德·马丁公司设计及生产的一款单座单发动机多用途舰载战斗机,属于第五代战斗机。它专为美国海军的大型核动力航空母舰设计,具有高隐身设计、先进的电子系统以及一定的超声速巡航能力,主要用于近距离支援、目标轰炸、防空截击等多种任务。

F-35C"闪电"II战斗机的研发是美国协同8个伙伴国联合发展的F-35联合打击战斗机项目的一部分。该项目结合了多种战机的优点,如F-117的隐身能力、F-16的超声速性能、F-18的舰载操作经验等,旨在打造一款多用途、高性能的第五代战斗机。经过多年的研发与测试,F-35C"闪电"II战斗机成功问世,并成为全球多国海军争相引进的先进舰载战斗机。

F-35C"闪电"II战斗机自2015年开始服役于美国海军,并迅速成为航母编队的核心力量。F-35C"闪电"II战斗机出色的隐身性能、先进的航电系统和强大的武器挂载能力,使其在海上作战中具备极高的生存能力和作战效能。同时,F-35C"闪电"II战斗机还具备短距起飞和垂直降落能力,进一步提升了其作战灵活性。

基本参数	
长度	15.7 米
翼展	13.1 米
高度	4.48 米
空重	15.686 吨
最大起飞重量	25.9 吨
发动机	1台F135-PW-400涡扇发动机
最大飞行速度	1960 千米/时
实用升限	18.3 千米
最大航程	2500 千米

性能特点

F-35C"闪电"II战斗机的主翼面积和尾翼面积比A/B型大,具备较高的隐身能力、先进的电子系统以及一定的超声速巡航能力。主要武器有AIM-120先进中程空空导弹、AIM-9X"超级响尾蛇"近程空空导弹、AIM-132先进近程空空导弹、欧洲"流星"导弹、联合空地远程攻击导弹等。F-35C还具备极强的起降能力,便于在航空母舰上起降,且起降装置的零件具备极强的抗海水腐蚀性能。

相关链接 >>

F-35C"闪电"Ⅱ战斗机虽最大飞行速度仅1960千米/时，超声速巡航能力不高，但机动性能极强，它通过精确的气动布局设计，加上先进的计算机飞控系统，较第三代半战斗机和第四代战斗机具备更优越的机动性。另外，F-35C"闪电"Ⅱ战斗机的机载设备是很先进的。

▲ F-35C"闪电"Ⅱ战斗机

F/A-18E/F "超级大黄蜂"战斗机

■ 简要介绍

F/A-18E/F"超级大黄蜂"战斗机是美国波音公司基于F-18系列中的F/A-18C/D大黄蜂为基础,经过改良后生产的一种舰载战斗攻击机,其起源可以回溯至原本计划作为出口用途的"大黄蜂2000"方案。

起初,美国海军只是考虑将其作为取得真正的第四代重型舰载战斗机之前的一个过渡方案,但因为计划中的重型舰载战斗机必须同时担负远程攻击的任务,只为单一用途设计不符合需求,因而被取消。由于苏联解体与冷战的结束,导致美国的军事费用削减与军方组织的改造,海军第四代战机的开发计划遥遥无期,美国海军转而决定利用既有的机种为基础进行改良,由此作为替代方案,F/A-18E/F"超级大黄蜂"诞生了。

F/A-18E/F"超级大黄蜂"战斗机最初在1995年试飞,并在1997年开始量产,1999年起F/A-18E/F"超级大黄蜂"战斗机陆续进入美国海军服役,以取代老迈的F-14"雄猫"式战斗机和A-6"闯入者"式攻击机,成为21世纪初期美国航空母舰战斗群中舰载机的唯一主力。

基本参数	
长度	18.31 米
翼展	13.62 米(展开) 9.32 米(折叠)
高度	4.88 米
空重	13.9 吨
最大起飞重量	29.938 吨
发动机	2台F414-GE-400涡扇发动机
最大飞行速度	2205 千米/时
实用升限	15 千米
最大航程	2346 千米

■ 性能特点

F/A-18E/F"超级大黄蜂"战斗机具有良好的短距起降性能、突出的低空突防能力,特别是超常规的机动能力。它的机鼻内有一门M61"火神"机炮,翼下挂架可携带不同的空空导弹和空地武器,其航电系统设计也属世界领先。雷神公司还为它研制了先进的战术前视红外吊舱,使其红外探测距离增加,分辨率提高。它还可加挂外部空中加油系统,成为空中加油机。

相关链接 >>

2022 年 8 月 8 日，美国海军欧洲—非洲司令部发布新闻称，上月初美国海军"杜鲁门"号航空母舰在地中海区域遭遇恶劣天气，一架停在航空母舰甲板上的 F/A-18E"超级大黄蜂"战斗机被大风吹得掉入海中，后经过艰难搜索与打捞，该战机已被回收。

▲ F/A-18E/F "超级大黄蜂"战斗机

EA-18G "咆哮者"电子干扰机

■ 简要介绍

EA-18G "咆哮者"电子干扰机代号 Growler，是一款基于 F/A-18E/F "超级大黄蜂"战斗机研制的电子战飞机。它不仅保留了"超级大黄蜂"的全部武器系统和优异机动性能，还装备了先进的电子战系统，能够执行复杂的电子干扰和情报侦察任务，是美国海军的一款重要电子战装备。

EA-18G "咆哮者"电子干扰机的研发始于 21 世纪初，旨在替代美国海军老旧的 EA-6B "徘徊者"电子战飞机。波音公司作为主承包商，负责飞机的整体设计和制造，而诺斯罗普·格鲁曼公司则提供了关键的电子战系统。经过数年的研发和测试，EA-18G "咆哮者"电子干扰机于 2006 年成功进行了首飞，并于 2009 年正式服役于美国海军。

EA-18G "咆哮者"电子干扰机自服役以来，迅速成为美国海军电子战的中坚力量。它不仅能够执行雷达干扰、通信干扰等电子战任务，还能够提供电子情报侦察和战术支援，为舰队提供全方位的电子战保障。在多次海外军事行动中，EA-18G "咆哮者"电子干扰机都发挥了重要作用，展现了其强大的电子战能力和作战效能。

基本参数	
长度	18.31 米
翼展	13.62 米（展开） 9.32 米（折叠）
高度	4.88 米
空重	15.011 吨
最大起飞重量	29.964 吨
发动机	2 台 F414-GE-400 涡扇发动机
最大飞行速度	2205 千米/时
实用升限	15 千米
最大航程	2346 千米

■ 性能特点

EA-18G "咆哮者"电子干扰机拥有十分强大的电磁攻击能力，凭借 ALQ-218V（2）战术接收机和新型 ALQ-99 战术电子干扰吊舱，可以高效地执行对地空导弹雷达系统的压制任务。与以往拦阻式干扰不同，EA-18G "咆哮者"电子干扰机可以通过分析干扰对象的跳频图谱自动追踪其发射频率，并采用"长基线干涉测量法"对辐射源进行更精确的定位，以实现"跟踪—瞄准式干扰"。

相关链接 >>

EA-18G "咆哮者"电子干扰机通过先进的设计，首度实现了电磁频谱领域的"精确打击"。它可以有效干扰160千米外的雷达和其他电子设施。

▲ EA-18G "咆哮者"电子干扰机

E-2D "高级鹰眼" 预警机

■ 简要介绍

E-2D "高级鹰眼" 预警机是美国海军的一款先进舰载预警机，基于 E-2C "鹰眼2000" 预警机进行重大改进，主要用于为航母编队提供空中预警和指挥引导，同时也可执行陆基飞行任务，如滨海和陆地上空的监视、导弹防御等。

E-2D "高级鹰眼" 预警机的研发由美国诺斯罗普·格鲁门公司负责，在保留 E-2C 基本气动布局的基础上，对任务系统进行了全面升级，包括换装新型有源相控阵雷达系统、采用高度自动化和数字化的计算机系统等。

E-2D "高级鹰眼" 预警机于 2015 年正式服役于美国海军，并迅速成为航母编队中不可或缺的一部分。其强大的监视和监控能力，使得美国海军在复杂战场环境下能够更准确地掌握战场态势，为作战指挥员提供有力的情报支持。此外，E-2D "高级鹰眼" 预警机还具备多任务能力，可执行海上监视、导航引导、救援和执法等多种任务。

基本参数

基本参数	
长度	17.6 米
翼展	24.56 米
高度	5.6 米
空重	18.23 吨
最大起飞重量	26.08 吨
发动机	2台T56-A-427A 涡轮螺旋桨发动机
最大飞行速度	650 千米/时
续航时间	6 小时（陆基 8 小时）
实用升限	10600 米

■ 性能特点

尼米兹级和福特级等大型航空母舰一般会搭载 4 架 E-2C/D "鹰眼" 预警机，轮流升空，保证舰队上空始终有 1 架预警机值班。E-2C/D "鹰眼" 预警机装备 AN/APS-145 雷达，具有海上下视和陆上下视能力，对飞机目标探测和确认距离达 556 千米，能同时监视海上舰船。它可同时自动跟踪 2000 个目标并控制 40 余个空中截击行动，为舰队提供全天候预警。

相关链接 >>

E-2C/D"鹰眼"预警机作为老式螺旋桨飞机,自主起飞距离较长,只能采用弹射器起飞。因为自重较大,每次要调大牵引力,所以机头特别涂了一个大大的"+"以提醒操作员。与 E-2 的经典版本 E-2C 相比,E-2D 的最大亮点就是换装的那部 AN/APY-9 超高频相控阵雷达。

▲ E-2D"高级鹰眼"预警机内部

C-2 "灰狗"

■ 简要介绍

C-2"灰狗"运输机是美国海军使用的一款双发后掠翼涡桨式舰载运输机,其在E-2A"鹰眼"预警机基础上发展而来,主要用于为航空母舰运输货物或人员,提供关键的后勤支援。它具备与航母升降机和甲板机库相匹配的能力,能够使用弹射装置起飞并拦阻降落,是航母上不可或缺的"快递员"。

C-2"灰狗"运输机的研发始于对E-2A预警机的改进和扩展。美国诺斯罗普·格鲁曼公司根据"载机上投递"计划,保留了E-2原有的机翼及动力装置,但拥有一个经过扩大的机身,并在机尾设有装卸坡道,以适应运输任务的需求。经过多次试飞和测试,C-2"灰狗"运输机于1964年成功完成首飞,并于同年12月正式交付美国海军使用。

自服役以来,C-2"灰狗"运输机在航母编队中发挥了重要作用,为海军提供了快速、灵活的运输能力。它能够在短时间内将人员、货物和邮件等物资从岸上基地运送到航母上,或在航母之间进行转运。

基本参数	
长度	17.32 米
翼展	24.56 米
高度	4.839 米
空重	15.3 吨
最大起飞重量	24.66 吨
发动机	2 台 T56-A-425 涡桨发动机
最大飞行速度	635 千米/时
实用升限	10.2 千米
最大航程	2400 千米

■ 性能特点

C-2"灰狗"运输机的机舱可以容纳货物、乘客或两者兼载,更配置了能够运载伤者、执行医疗护送任务的设备,并能在短短几小时内直接由岸上基地紧急载运货物至航空母舰上。此外,机上还配备了运输架及载货笼系统,加上货机大型的机尾坡道、机舱大门和动力绞盘设施,C-2"灰狗"运输机能在航空母舰上快速装卸物资。C-2A(R)还配置了和E-2C同级的升级版电子设备。

相关链接 >>

C-2A（R）"灰狗"运输机的原默认寿命为10000飞行小时，但在2000年以后，由于美国频繁开展海外军事行动，促使大部分机体迅速接近其默认的着陆上限。美国海军因此开始进行"服务寿限延长"工程，将36架C-2A（R）"灰狗"运输机的预期飞行时数延长至15000小时，从而延长服役期至2027年。

▲ C-2 "灰狗"运输机

T-45C "苍鹰"舰载教练机

■ 简要介绍

T-45C"苍鹰"舰载教练机是美国海军一款单发串列双座高级教练机，由美国麦道公司（后被波音公司收购）和英国宇航公司基于英国宇航公司的"鹰"式教练/攻击机改进而来，专为美国海军舰载机飞行员培训而设计。

T-45"苍鹰"教练机的研发始于1981年，旨在取代美国海军过时的T-2C"橡树"和TA-4J"空中之鹰"教练机。该项目的总承包商为美国麦道公司，而英国宇航公司则是主要的分承包商，负责提供机身、机翼、尾翼等关键部件。在研发过程中，为了满足美国海军的上舰需求，T-45进行了大量设计修改，包括加强起落架、增加弹射挂钩和尾钩等。经过长达数年的努力，其原型机于1988年4月16日成功首飞，并于1991年开始交付使用。1997年推出了采用"21世纪座舱"的改进型T-45C，全面提高了训练效率与安全性。

截至当前，T-45C"苍鹰"教练机仍是美国海军唯一的航母教练机，对于培养舰载战斗机飞行员至关重要，其存在确保了美国海军舰载航空兵力量的持续发展与壮大。

基本参数	
长度	17.32 米
翼展	24.56 米
高度	4.839 米
空重	15.3 吨
最大起飞重量	24.66 吨
发动机	2 台 T56-A-425 涡桨发动机
最大飞行速度	635 千米/时
实用升限	10.2 千米
最大航程	2400 千米

■ 性能特点

T-45C"苍鹰"舰载教练机以结构简单、维护方便、可靠性高深受美军的喜爱。尽管作为单纯的教练机，T-45C并不那么突出，但它是很多舰载战斗机飞行员的摇篮。而且其后座舱有武器瞄准具，每侧机翼下有1个挂点，可带教练（炸）弹架、火箭弹发射器或副油箱，在进行高级训练时具备武器投放能力。如有必要，T-45C还可在机身中线处外挂1个吊舱。

相关链接 >>

　　T-45C"苍鹰"教练机对美国海军意义重大。作为一款优秀的舰载教练机，它比真正的舰载战斗机更加容易操控。飞行员通过训练，能够降低上舰飞行的风险，克服着舰时的恐慌心理，能够更容易学习和领悟飞行技巧，所以该舰载教练机对于新飞行员来说是不可多得的。

▲ T-45C"苍鹰"舰载教练机

V-22 "鱼鹰" 倾转旋翼机

■ 简要介绍

V-22 "鱼鹰" 倾转旋翼机是一款由美国波音公司和贝尔直升机公司联合设计制造的具备垂直起降和短距起降能力的倾转旋翼机。它融合了直升机的垂直升降能力和固定翼螺旋桨飞机的高速、远航程及低油耗等优点，被誉为空中的"混血儿"。

V-22 的研发始于 20 世纪 80 年代，基于贝尔直升机公司早先的 XV-3 和 XV-15 试验机进行。该机历经多年研发，于 1989 年 3 月 19 日成功首飞。经过长时间的测试、修改和验证，在技术上逐渐成熟。最终，2006 年 11 月 16 日，V-22 正式进入美国空军服役，2007 年开始在美国海军陆战队服役。

V-22 自服役以来，以其独特的性能和广泛的应用领域受到了广泛的关注。该机可执行运输、特种作战、搜索救援、医疗救护等多种任务，成为美军进行全球部署和快速反应的重要工具。目前，已有超过 200 架 V-22 生产下线，并在伊拉克、阿富汗、利比亚等地执行过实战任务，展示了其独特的作战优势。

基本参数	
长度	17.5米
翼展	14米（连同旋翼25.8米）
高度	6.73米
空重	14.4吨
最大起飞重量	27.4吨
发动机	2 台AE 1107C涡轮轴发动机，每台4590千瓦
最大飞行速度	509千米/时
实用升限	7.62千米
最大航程	1627千米

■ 性能特点

V-22 "鱼鹰" 倾转旋翼机在固定翼状态下像是一架在两侧翼尖有 2 个超大的螺旋桨的飞机，在直升机状态下像是一架有 2 个偏小的旋翼的直升机。这样 V-22 既具备直升机的垂直升降能力，又拥有固定翼螺旋桨飞机高速、航程远及油耗较低的优点，因此特别适合执行兵员 / 装备突击运输、战斗搜索和救援、特种作战等方面的任务。

相关链接 >>

　　V-22"鱼鹰"倾转旋翼机在大载荷时的起降不像传统直升机那样可以"直上直下"，而是要"动"起来以避免涡流累积将翼下吸成真空。2000年发生的事故就是因为飞机的下降速度太快而前飞的速度太慢，在旋翼附近形成的涡流速度大于"下洗气流"产生的涡流速度而让飞机丧失了升力，陷入翼旋状态。

▲ V-22"鱼鹰"倾转旋翼机

MH-60R/S "海鹰"多用途直升

■ 简要介绍

MH-60R/S "海鹰"多用途直升机是美国海军现役的主要舰载直升机，具有强大的多任务能力。其研发基于西科斯基公司的 UH-60 "黑鹰"直升机，并经过了多次改进和升级。

MH-60R 和 MH-60S 是"海鹰"系列直升机的 2 个重要型号。MH-60R 主要用于反潜和反舰作战，而 MH-60S 则更侧重于运输补给、医疗救护和战斗搜救等任务。2 款直升机的研发均基于 UH-60 "黑鹰"直升机的成熟技术，并进行了大量的定制化和升级工作，以满足海军的特定需求。

MH-60R/S "海鹰"直升机自 2002 年服役以来，已在全球范围内执行了众多重要任务，包括海上巡逻、反潜作战、搜救行动等。它们在美国海军的舰载航空兵力量中发挥着不可替代的作用，为海军的作战能力和任务执行提供了强有力的支持。

基本参数（MH-60R）	
长度	19.71米
主旋翼直径	16.36 米
高度	5.23 米
空重	6.895 吨
最大起飞重量	10.433 吨
发动机	2 台通用电气 T700-GE-401C 涡轴发动机
最大飞行速度	270 千米/时
实用升限	3.7 千米
最大航程	830 千米

■ 性能特点

MH-60R 属于 10 吨级直升机，这一级别被各国海军公认最适合充当舰载航空平台。机上装备的武器有 AGM-119 反舰导弹、MK-46 和 MK-50 反潜鱼雷等。MH-60S 的货舱更大、舱门更宽，这样更加适合刚性充气艇上下飞机。机上使用的自封闭油箱能经受住 7.62 毫米机枪弹的攻击，而机身两侧的挂架则可以加挂副油箱或者武器系统来增加攻击性。

相关链接 >>

MH-60S 面临的最大挑战是替换海军现役的重型直升机 MH-53E "海龙"，MH-53E 使用的反水雷拖靶重量太大，如果不加以改进就使用，中型的 MH-60S 会有点吃力。美军正在试验轻型的拖靶和激光成像探测装置，希望这些装置能够适合 MH-60S。在 2000 年初，美国海军舰载机司令部已经责成舰载机作战中心对 1 架 MH-60S 进行系统的反水雷验证。

▲ MH-60R/S "海鹰" 多用途直升机

MQ-8B "火力侦[察兵]"

■ 简要介绍

MQ-8B "火力侦察兵" 无人直升机是美国诺斯罗普·格鲁曼公司研制的一款垂直起降无人机，专为军事侦察、目标定位和火力支援等任务设计。

MQ-8B "火力侦察兵" 的研发在 RQ-8A 型无人机的成功基础上，通过技术升级和性能优化，实现了从单一侦察平台向多任务作战平台的转变。同时，MQ-8B 还配备了多种武器系统，使其具备了强大的火力打击能力。

MQ-8B "火力侦察兵" 无人直升机自服役以来，已在美国海军和陆军中发挥了重要作用。其优异的侦察和火力支援能力，为美军在多个海外战场上的作战行动提供了有力支持。此外，MQ-8B 还具备良好的扩展性和升级潜力，可根据未来作战需求进行进一步的技术改进和性能提升。

基本参数	
长度	7.3 米
主旋翼直径	8.4 米
高度	2.9 米
最大起飞重量	27 吨
续航时间	8 小时
最大飞行速度	250 千米/时
实用升限	6.1 千米

■ 性能特点

MQ-8B "火力侦察兵" 无人直升机采用 4 桨叶主旋翼，改进了动力传动系统，增大了有效载荷和续航能力，最大续航时间超过 8 小时，能对半径为 750 千米的战区进行 72 小时的监控、识别或目标标记。除了执行侦察任务外，它还能通过挂载 "地狱火" 导弹、GPU44 小型炸弹以及 APKWS 激光制导火箭弹执行打击任务。同时，它也能通过挂载战需品来执行一定的战场补给任务。

相关链接 >>

MQ-8B"火力侦察兵"无人直升机充分利用成熟的直升机技术和零部件,仅对机身和燃油箱做了一些改进,且机载通信系统和电子设备又采用了诺斯罗普·格鲁曼公司自家的"全球鹰"无人机所使用的系统和设备,有利于节省成本和缩短研制周期。截至2022年2月,MQ-8B"火力侦察兵"无人直升机已经完成了200多次飞行试验,后续试验也正在紧锣密鼓地实施当中。

▲ MQ-8B"火力侦察兵"无人直升机

MQ-25 "黄貂鱼" 无人加油机

■ 简要介绍

　　MQ-25 "黄貂鱼" 无人加油机是美国波音公司专为美国海军航母舰载战斗机设计的一款无人加油装备，其前身为 X-47B 舰载无人攻击机。该无人机具备隐身能力，能够远距离为舰载机提供燃油补给，显著提升航母舰载机的作战半径并延长滞空时间。

　　MQ-25 项目的研发始于美国海军对空中加油能力需求的深入认识。随着航母编队作战需求的不断变化，美国海军迫切需要一款能够伴随有人舰载机作战的无人加油机。波音公司在竞标中脱颖而出，赢得了研发 MQ-25 无人加油机的合同。该项目在研发过程中经历了多次技术突破和测试验证，包括原型机的制造、试飞和空中加油试验等。

　　MQ-25 "黄貂鱼" 无人加油机目前正处于研发和测试阶段，预计将在未来几年内正式服役。美国海军计划采购一定数量的 MQ-25 无人机，以承担部分现有的空中加油任务，并提升航母编队的整体作战能力。

基本参数	
长度	15.5 米
翼展	22.9 米（展开） 9.54 米（折叠）
高度	3 米（展开） 4.79 米（折叠）
最大起飞重量	20000 千克
发动机	1 台罗尔斯·罗伊斯 AE 3007N 涡扇发动机

■ 性能特点

　　MQ-2⋯⋯⋯⋯⋯⋯⋯⋯⋯⋯求就是⋯⋯⋯⋯⋯⋯⋯⋯设计时完⋯⋯⋯⋯⋯⋯⋯⋯⋯重点放在了续航性⋯⋯⋯⋯⋯⋯思路，使其具有明显的机⋯⋯⋯⋯⋯它可以在距航空母舰 900 千⋯⋯⋯⋯次加油可让战斗机多飞 500 千米⋯⋯⋯⋯机的作战半径，所以被称为

相关链接 >>

很早之前美国海军就认为，未来航空母舰上 40% 以上的舰载机必将为无人机，因此试图通过利用 MQ-25 无人机探索出在航空母舰甲板有限的空间内操控无人机的经验。他们更加清楚地认识到，在未来对抗最为激烈的环境下，第四代和第五代战斗机与 MQ-25 等无人机组队的方法，是航空母舰发挥作战效能的关键。

▲ MQ-25"黄貂鱼"无人加油机

联合直接攻击炸弹

■ 简要介绍

　　美国联合直接攻击炸弹（简称 JDAM），是一种高精度、全天候的精确制导炸弹系统，由波音公司为美国海军和空军联合开发。它通过将 GPS 导航技术与传统炸弹相结合，将无控炸弹转变为可控的精确制导武器，能够自主导航至指定目标坐标，实现精准打击。

　　JDAM 的研发始于 20 世纪 90 年代初，旨在提高美军在恶劣天气条件下的空对地打击能力。1997 年，美军成功研制出第一枚 JDAM 炸弹，并在次年通过了飞行测试，其打击精度显著提高。随着技术的不断进步，JDAM 还发展出了多种型号和变体，如增程型 JDAM-ER 和激光制导型 Laser JDAM，进一步增强了其作战效能。

　　自 21 世纪初研制成功以来，JDAM 已成为美军库存中最重要的空投武器之一，并广泛装备于美国空军、海军及海军陆战队的多种作战飞机上。在多次军事行动和冲突中，JDAM 都发挥了重要作用，成为美军实现精准打击、摧毁敌方关键目标的重要手段。

基本参数	
发射重量	925 千克 [GBU-31(V)1/B] 961 千克 [GBU-31(V)3/B] 460 千克 [GBU-32(V)1/B]
弹长	3.88 米 [GBU-31(V)1/B] 3.77 米 [GBU-31(V)3/B] 3.04 米 [GBU-32(V)1/B]
翼展	0.64 米 [GBU-31] 0.5 米 [GBU-32]
射程	24 千米
制导方式	全球定位系统（GPS）/惯性导航系统（IGS）

■ 性能特点

　　联合直接攻击炸弹同第一代、第二代、第三代激光制导炸弹一样，也是在现役航空炸弹上加装相应制导控制装置制作而成的。由于它采用自主式的卫星定位和惯性导航组合制导，圆概率误差可达到 13 米，而且几乎不受气象环境的影响。它还增设了激光制导装置，可以接收地面人员或战机发出的激光制导信号来攻击目标。

相关链接 >>

联合直接攻击炸弹的成功代表了未来精确制导武器的研制方向，也显示出未来的战争中将会普遍采用制导炸弹。其最大的优点是造价便宜，1 枚 450 千克或 900 千克传统炸弹的联合直接攻击炸弹套件，单价大约 2 万美元；而 1 枚配备 450 千克传统弹头的"战斧"巡航导弹要价 88 万美元，是其 40 多倍。

▲ 联合直接攻击炸弹

激光制导钻地弹

■ 简要介绍

美国激光制导钻地弹是一款结合了激光制导技术和钻地能力的精确制导武器，它通过激光制导系统实现高精度打击，同时利用钻地弹头的高强度材料和延时引信，穿透地下掩体、隧道等坚固目标，并在预定深度引爆，对地下目标造成毁灭性打击。

美国激光制导钻地弹的研发始于20世纪60年代初，旨在应对冷战时期苏联的地下导弹发射井等坚固目标。经过几十年的研究与发展，美国已经研制出多种型号的激光制导钻地弹，如GBU-28、GBU-57等。这些钻地弹在材料科学、制导技术、延时引信等方面取得了显著进步，具备了强大的钻地能力和较高的打击精度。

美国激光制导钻地弹自研制成功以来，已广泛服役于美国空军等军事部门，并在多次军事行动和冲突中发挥了重要作用。例如，在海湾战争期间，GBU-28钻地弹成功摧毁了伊拉克的地下指挥中心等坚固目标。

基本参数（GBU-57）

弹重	13.608 吨
弹长	6.25 米
弹径	0.8 米
爆炸当量	110 吨 TNT
爆炸半径	650 米

■ 性能特点

GBU-28/B的战斗部由200毫米口径炮管制成，可装备于美国航母舰载机如F-15E、F-111、F-117A、B-1B、B-2A等。而由其改进而来的GBU-37更加高效，由于具有专门设计的穿透型弹体，可钻入地下6米深的加固混凝土层。据说1枚GBU-37就可以摧毁经过高强度加固的洲际弹道导弹发射井，而这类目标以前被认为只有核弹才能摧毁。

相关链接 >>

GBU-28/B虽然是著名的尖端武器，但存在某些先天不足。除了体积大，该炸弹使用的GBU-27激光制导装置还会降低飞机的生存能力。因为这种激光制导装置在使用时，必须由操作员用激光指示器指明目标，炸弹再沿着反射回来的激光束飞向目标，这不仅增大了操作员的负担，还增加了飞机在目标上空滞留的时间。

▲ GBU-57/B 钻地弹

AGM-84 "鱼叉" 反舰导弹

■ 简要介绍

AGM-84 "鱼叉" 反舰导弹是美国麦克唐纳 – 道格拉斯公司（后并入波音公司）研制的一款反舰导弹，也是美国海空军现役最主要的反舰武器之一。它是一款高亚声速掠海反舰导弹，具备从飞机、水面舰艇以及潜艇上发射的能力。

AGM-84 "鱼叉" 反舰导弹的研发始于1965 年，最初设想为空对舰导弹，旨在攻击配备反舰导弹的敌方舰艇。1970 年 11 月，美国国防系统获得评审委员会批准海军发展"鱼叉"导弹，正式确定开发计划。1971 年 1 月，美国海军对"鱼叉"导弹进行招标，同年 6 月选定麦道公司为主承包商，进入工程发展阶段。经过多阶段的设计、研制和使用鉴定试验，"鱼叉"导弹最终在 1977 年 7 月开始进入美国海军服役。

自入役以来，AGM-84 "鱼叉" 反舰导弹已成为美国海军主战舰艇的标准配置，并持续进行改进升级。该导弹不仅装备于美国海空军，还大量出口至北约成员国及相关地区，总产量超过 6000 枚，是西方国家使用最广泛的一款反舰导弹。

基本参数	
弹重	522 千克
弹长	3.84 米
弹径	0.344 米
翼展	0.914 米
射程	110 千米

■ 性能特点

AGM-84 "鱼叉" 反舰导弹制导部装有雷达导引头、数字计算机、自动驾驶仪等，用于搜索、捕获和跟踪目标。战斗部为高能穿甲爆破型，可穿入舰内破坏目标。导弹水下发射运载器是一种无动力运载器，在水下运行无声音，隐蔽性好，不易被发现。"鱼叉" 导弹有很强的抗干扰能力，射程也较远。

相关链接 >>

AGM-84"鱼叉"反舰导弹研制成功后，在原型技术方案的基础上不断被改进，系列代号有RGM/AGM/ UGM-84 A、B、C等。其中RGM 、AGM和UGM分别代表舰射、空射和潜射型，A、B、C表示改进的顺序号。在A、B、C等后面加–1、–2等，则表示从不同发射装置上发射的导弹。

▲ AGM-84"鱼叉"反舰导弹

AGM-158 联合防区外空地导弹

■ 简要介绍

AGM-158 联合防区外空地导弹也称"拉萨姆"导弹（JASSM），是美国洛克希德·马丁公司设计制造的新一代空射巡航导弹，具备隐身和远程精确打击能力。其主要用于从敌防空区外远距离精确打击严密设防的高价值目标，如敌指挥、控制、通信、计算机和情报的主要节点，以及发电厂、工业设施、重要桥梁、弹道导弹发射架和舰船等。

该导弹于 1998 年正式开启研发，在研发过程中，AGM-158 导弹不断优化其隐身性能、制导系统和动力系统，以提高其作战效能。经过一系列试验和改进后，于 2003 年有条件进行服役，2004 年全面量产。

AGM-158 导弹自 2003 年以来逐步装备美国空军和海军，部署在多种作战平台上，包括 B-1B、B-52H 等远程轰炸机以及 F/A-18E/F "超级大黄蜂"战斗机等，成为其远程精确打击的重要力量。在多次实战演练和军事冲突中，AGM-158 导弹均表现出了卓越的作战性能，成功完成了多次精确打击任务。

基本参数	
弹重	1.023 吨
弹长	4.26 米
弹径	0.55 米
射程	320 千米

AGM-158

相关链接 >>

AGM-158 联合防区外空地导弹将配装美军 B-2 和 B-52 轰炸机以及 F-15 和 F-16 战斗机。其发射平台可在严密设防的空域和远程地空导弹的射程范围之外，攻击高价值、重防护的固定或移动目标。只能由轰炸机携带的联合防区外空地导弹能够飞行 1600 多千米，射程是增程型的 2 倍，而增程型的射程又是基本型的 3 倍。

▲ 美国 F-15 战斗机投掷 AGM-158 联合战区外空地导弹

AGM-154 联合防区外武器

■ 简要介绍

AGM-154 联合防区外武器也被称为联合防区外武器（JSOW），是美国海军和空军共同开发的一款中程投掷滑翔炸弹，主要用于打击敌人防空设施和其他地面目标。它具备"发射后不管"的能力，能够在较远的距离外对目标进行精确打击。

AGM-154 的研发始于 1986 年，作为 AIWS（高级拦截武器系统）计划的一部分，旨在开发一款新的精确制导近程防区外攻击武器。该计划于 1992 年与空军防区外武器计划合并，并更名为 JSOW。经过多年的研制和测试，AGM-154 于 1999 年达到初始作战能力，并开始全面生产。

AGM-154 自服役以来，已广泛装备于美国海军和空军的多型作战飞机上，包括 F-16、F/A-18、B-1、B-2 等。它在多次军事行动和冲突中发挥了重要作用。AGM-154 的模块化设计使其能够根据不同的任务需求进行灵活配置，包括加装不同类型的子炸弹、单个弹头以及各种末段传感器等。

■ 性能特点

AGM-154A 使用翻转机翼和 4 个"十"字形（加上 2 个小水平）尾翼进行飞行控制。其 GPS/INS 制导系统的落点精度误差不超过 3 米。弹头部分携带 6 个 BLU-108/B 传感器引信弹药发射器，每个发射器可发射 4 枚"飞碟"末端制导反坦克子弹药。AGM-154C（仅为海军开发）使用由 BAE 系统公司开发的"BROACH"多级弹头系统。

基本参数	
弹重	483~497 千克
弹长	4.1 米
弹径	0.3 米
射程	28 千米（低空发射） 74 千米（高空发射） 560 千米（JSOW-ER）

相关链接 >>

联合防区外武器要求为低空发射提供至少 9 千米射程、低成本、轻型，还需要具备发射后锁定能力，这样发射飞机就不必将自己置于目标的视线范围内。因为它要用于对付不同类型的目标，还需要一个用于集束和单一弹头的模块化弹头部分。为了解决这些问题，得州仪器公司设计了一款 GPS/INS 制导无动力滑翔炸弹。

▲ AGM-154 联合防区外武器

BGM-109 "战斧" 巡航导弹

■ 简要介绍

BGM-109 "战斧" 巡航导弹是美国一款射程远、飞行高度低、具有隐身能力的通用多用途巡航导弹，以其全天候亚声速巡航能力和强大的打击效果著称。

该导弹由美国海军航空司令部和通用动力公司于1970年开始研制，并于1972年5月正式立项。在研发过程中，美国借鉴了德国V-1导弹的技术经验，并结合自身在微电子、小型航空发动机及隐身技术等方面的进步。经过数年的努力，1976年成功实现首飞，推出了这款具有划时代意义的巡航导弹。

随后，BGM-109 "战斧" 巡航导弹在1983年正式装备部队，成为美军的重要打击手段之一。在多次军事行动和冲突中，该导弹均表现出了卓越的作战性能，成功完成了对各类高价值目标的精确打击任务。此外，随着技术的不断进步和作战需求的不断变化，美国还在持续对该导弹进行改进和升级，以确保其始终保持领先地位。

基本参数	
起飞重量	1.2 吨
弹长	5.56 米
弹径	0.53 米
命中精度	30 米
最大射程	2500 千米

■ 性能特点

BGM-109 "战斧" 巡航导弹的战斗部装有高能炸药，配置多种高技术电子仪器，采用 "惯性导航 + 地形匹配 + 数字景象匹配区域相关器" 的两级制导系统。在飞行途中由一部雷达测高器及储存在计算机内的地形详图对关键地标的地形进行比较，导弹可及时修正航线，因而能精确命中目标，误差不超过10米。

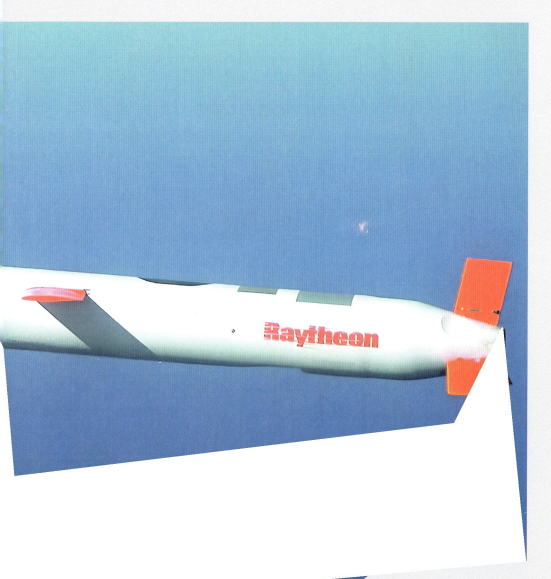

▲ 美国阿利·伯克级驱逐舰发射"战斧"巡航导弹

相关链接 >>

　　BGM-109"战斧"巡航导弹还有另外一种称呼——"BLOCK"。BLOCK-Ⅰ、BLOCK-Ⅱ、BLOCK-Ⅲ分别是指第一代、第二代、第三代"战斧"巡航导弹。鉴于技术和经费等，"战斧"巡航导弹大部分尚未列装就告夭折。目前真正装备美军的只有第三代BGM-109A至BGM-109E这5个型号，美国海军接下来的主攻武器则是BLOCK-Ⅳ"战术战斧"导弹。

"标准"系列防空导弹

■ 简要介绍

"标准"系列防空导弹是美国为应对中高空飞机、反舰导弹及巡航导弹等空中威胁而研制的一款中远程防空导弹。该系列导弹不仅具备强大的防空能力，还能在必要时攻击敌水面舰艇，是美国海军及其盟友的重要防空装备之一。

"标准"系列防空导弹的研发始于1963年，经过数十年的不断改进和发展，该系列导弹已经形成拥有多种型号的庞大家族。在研发过程中，美国海军与多家知名军工企业合作，如通用动力公司和雷神公司等，共同推动了该系列导弹的技术进步和性能提升。

自20世纪60年代末以来，"标准"系列防空导弹已经广泛服役于美国海军及其盟友的舰艇上。这些导弹在多次军事行动和冲突中发挥了重要作用，有效保护了舰艇免受空中威胁。目前，"标准"系列防空导弹仍然是许多国家海军的主力防空装备之一，其性能和技术水平在国际上处于领先地位。

基本参数（RIM-161"标准-3"）	
弹长	5.46~5.52米
弹径	0.37米
翼展	1.65米
弹重	933~1179千克
射程	240千米

■ 性能特点

"标准-6"防空导弹最大射程240千米，最大射高33千米，采用MK-41垂直发射，最大飞行速度2.70千米/秒，使用MK-125高爆破片式杀伤战斗部，该战斗部为"标准"系列导弹所通用。动力系统为双推力火箭发动机。导弹采用"惯性+中段指令修正+末段主动雷达/半主动雷达"的复合制导方式，可以2枚导弹同时发射之后锁定同一个目标，以增加命中概率。

"标准-3"导弹发射瞬间

相关链接 >>

2022 年，美国国防部发表声明，美国国务院批准向日本出售"标准-6"防空导弹和附加设备，交易总额约为 4.5 亿美元。据悉，日本将分两批购买 32 枚"标准-6"防空导弹，每批 16 枚。该型装备到货之后，日本的区域防空能力将进一步增强。

B-61 战术核炸弹

■ 简要介绍

B-61 战术核炸弹是美国在 20 世纪 60 年代研发的一款多功能、轻型、小当量的空投战术核武器，具备反潜、反舰、对地等多种作战能力，可高速低空攻击敌方战役战术纵深内的重要目标。它是美国核武库的重要组成部分，也是美军战机常用的战术核武器之一。

B-61 战术核炸弹的研发始于 1960 年，由新墨西哥州的洛斯阿拉莫斯国家实验室负责设计。该炸弹采用了模块化的弹体结构，具有流线型弹体、尖锥形头部和带后掠稳定尾翼的锥形尾部装置。在研发过程中，B-61 战术核炸弹经历了多次改进和升级，形成了多种型号，以满足不同的作战需求。

B-61 战术核炸弹自研发成功以来，一直装备于美国空 / 海军的战斗机、海军反潜飞机和战略轰炸机。目前，仍有多种型号的 B-61 在役，包括 B-61-3、B-61-4、B-61-7 和 B-61-11 等。这些核弹不仅在美国本土部署，还部署在欧洲和其他地区的北约盟国基地。

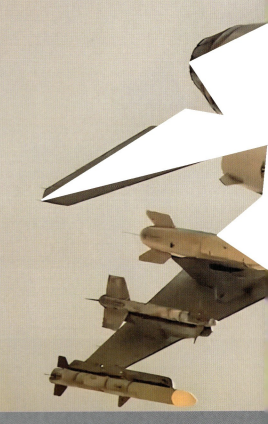

基本参数	
弹重	322.7 千克
弹长	3.6 米
弹径	0.34 米
爆炸当量	300 吨~90 万吨TNT

■ 性能特点

B-61 战术核炸弹的主要性能特点：一是体积小、重量轻；二是能运载核炸弹的美国战略和战术飞机均可使用。各型都有 4 种当量的战术核弹。其中 11 型是一款反碉堡钻地核弹，依据弹头当量可以作为战术或战略核弹，可从 1 万吨到 34 万吨多当量选择。带有整体高碳钢的中部弹壳，能钻入地下 3~6 米深然后爆炸，较之在地表爆炸有更强的爆炸效果。

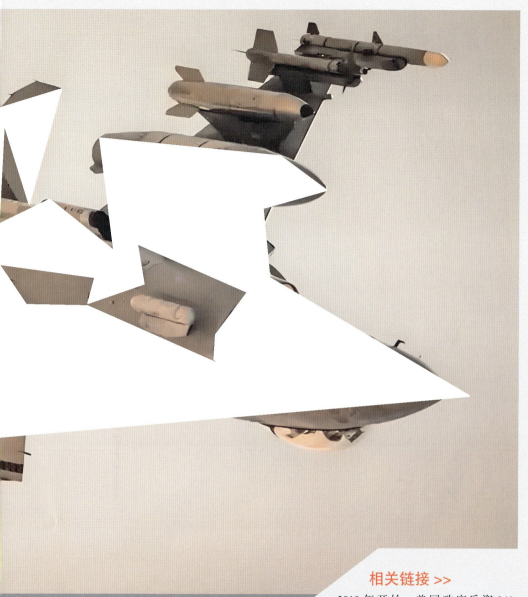

相关链接 >>

2010 年开始，美国政府斥资 240 亿美元升级 B-61 系列产品，为其加装 JDAM 所使用的制导组件以提高命中精度。美国政府还整合了现役的 B-61-3、B-61-4、B-61-7 和 B-61-10 四种核炸弹，更新了卫星定位的精准度，提高其碉堡钻地攻击的精准度。美国于 2017 年前后研发的 B-61-12 核弹是一款新的核航弹。

▲ B-61 战术核炸弹

英国航空母舰战斗群

  英国皇家海军早期的"百眼巨人"号航空母舰，是世界上第一艘全通式甲板航空母舰。该舰是在吸收美国先进技术和经验的基础上，对"库帝罗索"号商船进行改造而建成的，虽然未参加过实战，但它的诞生标志着世界海上力量发生了从制海到制空和制海相结合的一次革命性变化。

  "伊丽莎白女王"号航空母舰是英国皇家海军伊丽莎白女王级航空母舰的首舰，是一艘采用常规动力、短距滑跃起飞并垂直降落的双舰岛多用途航空母舰，是英国皇家海军有史以来最大的战舰且首次使用了燃气轮机和全电驱动。

  2014 年 7 月 17 日，"伊丽莎白女王"号首次出坞。2014 年 9 月，"伊丽莎白女王"号成功完成了倾斜试验，以确定其准确的重量和重心位置。2017 年 6 月 26 日，"伊丽莎白女王"号首次试航开始，从苏格兰的罗塞斯出发，在苏格兰的东北海岸进行了首次为期 6 周的海上试验，对未来的旗舰基础系统进行了初步测试。2017 年 8 月 1 日至 10 日，"伊丽莎白女王"号参加了美国和英国举行的"撒克逊勇士 2017"军事演习，与美国航空母舰"布什"号编队航行，两国舰员和飞行员进行了密切交流。

  2020 年，英国重建了航空母舰作战群——"伊丽莎白"号航空母舰战斗群，包括"伊丽莎白女王"号航空母舰、驱逐舰、护卫舰、核潜艇、补给舰、战斗机、直升机等。

伊丽莎白女王级航空母舰

■ 简要介绍

伊丽莎白女王级航空母舰是英国皇家海军隶下的一款采用常规动力、短距滑跃起飞并垂直降落的双舰岛多用途航空母舰。该级航母是英国皇家海军有史以来最大的战舰，具备强大的舰载机起降能力和多任务作战能力，能够执行防空、反潜、对海和对陆打击等多种任务。

伊丽莎白女王级航母的研发始于20世纪90年代，经历了多轮方案论证和招标选商。最终，泰雷兹集团的设计方案胜出，并由BAE系统公司担任主要承包商，负责航母的总体设计、建造和试航等工作。伊丽莎白女王级航母在设计上注重模块化建造和灵活性，以适应未来作战需求的变化。

首舰"伊丽莎白女王"号于2009年开工建造，2014年下水，2017年12月7日正式服役。2号舰"威尔士亲王"号也于随后几年内建成并服役。这2艘航母的服役标志着英国皇家海军航空母舰力量的一次重大升级，为英国的海上安全和全球战略利益提供了有力保障。

基本参数	
舰长	280 米
舰宽	73 米
吃水	11 米
动力	2 台燃气轮机 4 台柴油机
航速	25 节
续航力	10000 海里 / 18 节（1 海里=1.852 千米）
乘员	1600 人

■ 性能特点

伊丽莎白女王级航空母舰是世界上第一艘采用双舰岛的航母。同时它还首次使用燃气轮机和全电驱动，是世界上第一次采用 IFEP 综合电力推进系统的航母。舰上的单舰点防御自卫武器包括美制 MK-15 Block 1B"密集阵"近程防御武器系统和 DS30B 型 30 毫米舰炮。此外，舰上还布有箔条、诱饵以及电子干扰装备等软杀伤装备。

相关链接 >>

伊丽莎白女王级航空母舰排水量为64000吨，是英国吨位最大的"短距起飞/垂直降落"型超级航空母舰。第一次世界大战前，英国曾以"伊丽莎白一世"来命名当时最强大的战列舰，如今"伊丽莎白女王"号则是英国首次用王室成员的名字命名的航空母舰，充分体现了该型航空母舰在英国民众心目中的地位，也标志着英国皇家海军进入了历史新阶段。

▲ 伊丽莎白女王级航空母舰

45 型驱逐舰

简要介绍

45 型驱逐舰或称勇敢级驱逐舰，是英国皇家海军的新一代防空导弹驱逐舰。其以高度隐身化的外形设计、革命性的综合电力推进系统以及全面均衡的作战性能而著称，是世界上现役最新锐的驱逐舰之一。

45 型驱逐舰的研制始于 20 世纪 80 年代，当时英国皇家海军迫切需要一款具备更强防空能力的新型舰艇。在多次尝试国际合作未果后，英国决定独立研发新一代防空导弹驱逐舰。经过数年的努力，首艘 45 型驱逐舰"勇敢"号于 2006 年下水，随后几年内陆续建造了其余几艘同型舰。

尽管原计划建造 12 艘 45 型驱逐舰，但由于经费限制，最终只建造了 6 艘。首舰"勇敢"号于 2009 年 7 月正式服役，其余几艘也相继加入英国皇家海军。自服役以来，45 型驱逐舰已多次参与国际军事行动和海上巡逻任务，展现了其强大的作战能力和灵活的适应性。

基本参数

基本参数	
舰长	152.4 米
舰宽	21.2 米
吃水	5.7 米
排水量	5800 吨（标准） 7350 吨（满载）
动力	2 台燃气轮机与阿尔斯通发电机组 2 台柴油交流发电机组 2 台推进用电动机
航速	30 节
乘员	235 人

性能特点

45 型驱逐舰围绕主防空反潜导弹系统，配备了性能优异的"桑普森"相控阵雷达和 S-1850M 远程雷达，并划时代地采用了集成电力推进系统，使其成为世界上现役最新锐的驱逐舰之一。其武器装备有"紫菀"防空导弹、MK-8 Mod1 55 倍径舰炮、DS-30 机炮，还加装了美制 MK-15 Block 1B"密集阵"近程防御武器系统和"鱼叉"反舰导弹等。

相关链接 >>

身为 21 世纪初期最尖端科技的产物之一，45 型驱逐舰在建造理念、自动化程度、动力系统、科技层次等方面遥遥领先，其"桑普森"雷达、"紫菀"防空导弹的技术层次与各项性能均不逊于美国 SPY-1D 雷达、"标准"与"海麻雀"防空导弹的组合。然而受限于经费与国力，45 型驱逐舰的舰体规模与火力都与原计划有不小差距。

▲ 45 型驱逐舰控制室

23 型护卫舰

简要介绍

23 型护卫舰也被称为公爵级护卫舰，是英国皇家海军隶下的一款远洋护卫舰，23 型护卫舰具备高性能传感器和先进武器，能够执行防空、反潜和对海打击等多种任务。

23 型护卫舰的研发始于 20 世纪 80 年代，旨在替换皇家海军老旧的护卫舰，提升海军的整体作战能力。在研发过程中，英国海军与多家知名军工企业合作，充分利用先进的计算机辅助设计和仿真技术，以确保舰艇的性能和可靠性。

自首批 23 型护卫舰于 20 世纪 90 年代初正式服役以来，其已成为英国皇家海军的主力之一。它们不仅参与了多次海外部署和人道主义救援行动，还展示了强大的海上编队作战能力。目前，多艘 23 型护卫舰仍在服役中，为英国的海上安全贡献力量。

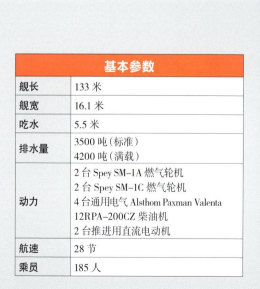

基本参数	
舰长	133 米
舰宽	16.1 米
吃水	5.5 米
排水量	3500 吨（标准） 4200 吨（满载）
动力	2 台 Spey SM-1A 燃气轮机 2 台 Spey SM-1C 燃气轮机 4 台通用电气 Alsthom Paxman Valenta 12RPA-200CZ 柴油机 2 台推进用直流电动机
航速	28 节
乘员	185 人

性能特点

23 型护卫舰采用英国在 20 世纪 90 年代初期发展的新一代"水面船舰战斗系统"，最主要的防空自卫武器为 GWS.26-1"海狼"防空导弹垂直发射系统，共有 32 管，能提供相当强大的点防空自卫能力；还有 2 门欧瑞康公司的 DS-30B 30 毫米防空机炮和 2 具三联装 324 毫米鱼雷发射器。此外，它可搭载"梅林"重型反潜直升机和"大山猫"MK.8 反潜直升机。

相关链接 >>

　　由于 23 型护卫舰的后继者 26 型护卫舰的研制一再推迟，英国皇家海军只好将 23 型的役期延长。2022 年 8 月，英国皇家海军 23 型护卫舰的 2 号舰"阿盖尔公爵"号进入巴布科克国际集团位于英国德文波特的造船厂封闭式船坞内，开展"后期延寿"工程，预计"阿盖尔公爵"号将一直服役到 2030 年前后。

▲ 23 型护卫舰

七省级护卫舰

■ 简要介绍

七省级护卫舰是荷兰 2000 年推出的一款防空与指挥舰艇，其命名源自荷兰独立之初的 7 个省份，象征着荷兰的历史与荣耀。它不仅具备强大的防空能力，还担负着指挥作战的重任。该级舰采用隐身设计，装备了先进的雷达和武器系统，能够有效应对各类空中和水面威胁。

七省级护卫舰的研发始于 20 世纪 90 年代，是荷兰与德国、西班牙共同参与的护卫舰研发计划的一部分。在研发过程中，荷兰充分借鉴了国际先进技术和经验，并结合自身需求进行了优化和创新。经过多轮测试和改进，七省级护卫舰最终于 21 世纪初成功问世。

首艘七省级护卫舰于 2002 年正式服役于荷兰皇家海军，随后几年内其余几艘同型舰也相继服役。2020 年英国重建航空母舰战斗群，荷兰及美国的军舰也加入进来，七省级护卫舰担任了其中的护航任务。

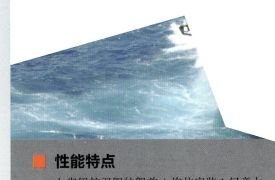

基本参数	
舰长	144.2 米
舰宽	18.8 米
吃水	5.2 米
排水量	6048 吨（满载）
动力	2 台斯佩 SM-1C 燃气轮机 2 台瓦锡兰鹳 16V6ST 柴油机
航速	28 节
续航力	5000 海里 / 18 节
乘员	204 人

■ 性能特点

七省级护卫舰的舰首 A 炮位安装 1 门意大利奥托·梅莱拉公司生产的 127 毫米舰炮，其射速为 45 发 / 分。4 艘舰的前 2 艘使用部族级的旧 127 毫米舰炮，后两艘则使用新造的舰炮。127 毫米舰炮后方的 B 炮位最多能装置 6 组八联装 MK-41 VLS 垂直发射模块；其中 32 管装填"标准"SM-2 区域防空导弹，另外 8 管装填"海麻雀"ESSM 防空导弹，每管装填 4 枚，共 32 枚。

相关链接 >>

七省级护卫舰采用隐身外形设计，十分注重降低雷达、红外线、噪声、磁场等信号，并强调舰艇存活率，具体措施包括强化舰体结构以抵御高爆弹的破片、采用双层舱壁加强抗击能力、重复配置舰上重要系统、将动力系统分散化、完善消防机制与核生化防护，等等。舰上还分隔了 7 个独立的水密隔舱区，以及 2 个核生化气密防护区。

▲ 七省级护卫舰

机敏级攻击型核潜艇

■ 简要介绍

机敏级攻击型核潜艇是英国皇家海军隶下的最新一级战术攻击核潜艇，是冷战结束后英国海军研制的首级核潜艇，用来取代现役的快速级及特拉法尔加级攻击型核潜艇，其以先进的设计和强大的作战能力著称。

机敏级攻击型核潜艇的研发始于20世纪90年代，在研发过程中，英国皇家海军与BAE系统公司等多家知名军工企业紧密合作，共同攻克了多项技术难题。该级潜艇的设计采用了多种减震降噪措施，以降低航行时的噪声水平，提高隐蔽性。

机敏级攻击型核潜艇计划建造7艘，目前已有3艘服役，其余4艘正在建造中。首艘机敏级核潜艇于2010年服役，标志着英国皇家海军在核潜艇领域迈出了重要一步，其先进的性能和强大的作战能力将为英国的海上安全提供有力保障。

基本参数	
艇长	91.7 米
艇宽	11.3 米
吃水	10.7 米
排水量	7400 吨（潜航）
动力	1 座罗尔斯·罗伊斯 PWR-2 压水式反应堆 2 台通用电气蒸汽轮机 1 台罗尔斯·罗伊斯喷射推进器
航速	32 节（潜航）
乘员	97 人

■ 性能特点

机敏级核潜艇的水下航速约为32节，动力系统为前卫战略核潜艇所用的罗尔斯·罗伊斯 PWR-2 压水式反应堆，堆芯寿命为25~30年，可保证核潜艇的全寿命使用。其武器装备与美国的海狼级相同，有潜射"战斧"巡航导弹、潜射"鱼叉"反舰导弹、533毫米鱼雷。此外，机敏级核潜艇还是第一款以光纤红外热成像摄像机取代传统潜望镜的潜艇。

相关链接 >>

机敏级攻击型核潜艇是 20 多年来英国新打造的第一款核动力攻击潜艇，也是具有超强隐蔽性的潜艇。它虽然艇身庞大，但航行时产生的噪声比一条小鲸鱼的动静还小。它也是世界上第一款配备先进的潜艇用外围通信系统"ECS 外部通信系统"的潜艇。英国军方宣称，它将使英国皇家海军跨入"英超顶级俱乐部"。

▲ 机敏级攻击型核潜艇与伊丽莎白女王级航空母舰

维多利亚堡级综合补给舰

■ 简要介绍

维多利亚堡级综合补给舰是英国皇家海军的第一级多功能补给舰，具备同时补给燃油、弹药、食品、淡水等多种物资的能力，极大地提高了舰队的持续作战能力。

维多利亚堡级综合补给舰的研发源于1982年的马岛海战。在这场战争中，英国海军发现其远洋后勤支援能力存在不足，特别是缺乏兼具燃油和弹药补给能力的综合补给船。为了改变这一状况，英国决定仿效美国、法国、意大利等国的综合补给船概念，设计建造新一代综合补给舰。经过多轮设计研究和合同谈判，最终确定了维多利亚堡级综合补给舰的设计方案，并开始了建造工作。

维多利亚堡级综合补给舰于20世纪90年代初开始服役，至今仍是英国皇家海军的重要补给力量。虽然原计划建造6艘，但由于经费所限，最终只建成了2艘。尽管如此，这2艘舰仍然在英国皇家海军的多次海外部署和作战行动中发挥了重要作用。同时，它们还参与了多次自然灾害救援和人道主义援助行动。

基本参数	
舰长	203.5 米
舰宽	30.4 米
吃水	9.8 米
排水量	36580 吨
航速	20 节
动力	2 台皮尔斯蒂克 16PC2.6 V400 中速柴油机

■ 性能特点

维多利亚堡级综合补给舰的船体为全焊接的钢结构，2 层连续甲板，主甲板以下由 15 个横舱壁隔开，完整的双层底用以装载柴油、淡水、压载水等；前、后分开的 2 个上层建筑都具有内倾斜的侧面，以减少雷达信号特征；尾部有直升机平台和机库。舰上有完备的航空设施，能为舰队提供直升机支援。自卫方面，它采用"密集阵"近程防御武器系统。

维多利亚堡级综合补给舰正在为伊丽莎白女王
级航空母舰补给

相关链接 >>

　　维多利亚堡级综合补给舰还具有多
用性。除能执行海上补给和直升机维修
服务任务外，还具有执行自然灾害救援、防御
布雷和提供基地后勤支援等多种任务的能
力。在支援部队登陆方面，它还可用于输
送登陆部队、运输供应物资和支援沿海
作战。此外，英国方面希望该级舰能
打入国际市场，设计中考虑了根据
买家使用要求进行改装的可能。

潮汐级油料补给舰

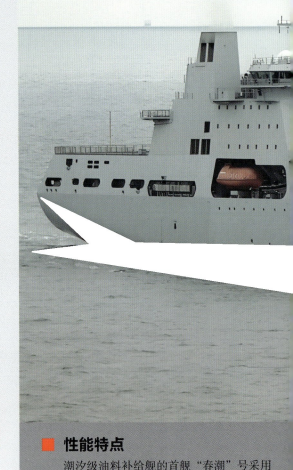

■ 简要介绍

　　潮汐级油料补给舰是英国皇家海军最新一代大型快速舰队补给舰，主要承担油料和干货的补给任务，以提升海军的远洋作战能力。

　　潮汐级油料补给舰的研发始于英国皇家海军的可持续性海上军事支援计划，原计划建造多种类型的补给舰以替换老旧的舰船，但由于财政压力，最终决定建造 4 艘潮汐级油料补给舰。这些舰艇由英国 BMT 防务设计，并采用了符合国际标准的双壳体设计，以增强安全性和环保性。韩国大宇重工造船凭借其强大的造船实力中标，负责舰艇的建造工作。

　　潮汐级油料补给舰的首舰"春潮"号于2015 年服役，随后几艘同型舰也相继加入英国皇家海军序列。这些舰艇不仅为英国皇家海军的航母战斗群和驱护舰编队提供油料和淡水补给，还具备执行海上救援、修理、运输和海洋调查勘测等多样化任务的能力。

基本参数

基本参数	
舰长	216 米
舰宽	34.5 米
吃水	10 米
排水量	37000 吨
最高航速	19 节

■ 性能特点

　　潮汐级油料补给舰的首舰"春潮"号采用了现代舰船的时尚风格，舰体酷似 45 型驱逐舰的隐身船体。舰面前中部设置了专用油料储存区域，推测该舰燃油、滑油和淡水储备应在 1.4 万吨左右，而食品、备品和弹药等干货合计在 6000 吨左右。前端可安装 1 座 6 管 20 毫米近防系统，4 面锥体结构的封闭式桅杆上有导航雷达、卫星天线、火控雷达等。

A136

相关链接 >>

潮汐级油料补给舰拥有宽大的舰尾直升机平台，视野较为开阔，便于中型直升机机降作业。主塔台后部为动力舱室，两侧各设置1个方形烟囱，两舷侧预留可安装小口径单管速射炮的武器控制平台，用于近程海上、空中自卫；其后的动力设备舱室和尾部直升机机库连为一体；舰尾直升机甲板可供"海王""灰背隼"等中型直升机实施垂直补给。

▲ 潮汐级油料补给舰正在为伊丽莎白女王级航空母舰编队补给油料

F-35B "闪电Ⅱ" 战斗机

■ 简要介绍

    F-35B "闪电Ⅱ" 战斗机是美国洛克希德·马丁公司研制的第五代单座单发战斗机，也是 F-35 系列的一个重要衍生版本。它具备短距离起降/垂直起降能力，在保持 F-35 系列的高隐身设计、先进电子系统和超声速巡航能力的同时，特别强化了短距起飞和垂直降落能力，以适应更广泛的作战需求。

    F-35B 的研发始于美国对新型多用途战斗机的需求，旨在通过提高子型号之间的通用性来降低采购和操作成本。然而，其在研发过程中也遇到了不少挑战，包括成本超支和通用性实现不足等问题。尽管如此，F-35B 最终还是成功研制出来，并成为世界上第一款正式服役的超声速短距起降/垂直起降战斗机。

    F-35B 目前已在美国海军陆战队和英国皇家海军服役，部署在两栖攻击舰和航母上。该型战斗机作战半径大，可以挂载多种对空对地弹药，标志着短距起飞和垂直降落技术在现代战斗机领域的成功应用。

基本参数	
长度	15.62 米
翼展	13.26 米
高度	4.72 米
空重	13.199 吨
最大起飞重量	37.80 吨
发动机	1 台惠普 JFS-119-611 涡扇发动机
最大飞行速度	1700 千米/时
实用升限	16 千米
最大航程	2220 千米

……同星机计算机模拟，比……模拟后合成更先进、全面和精确，……可以……机体表面采用连续曲面设计。主要……器有 AI……120 先进中程空空导弹、AIM-9X "超级响尾蛇"……近程空空导弹及 AGM-158C 远程反舰导弹等。

相关链接 >>

2011 年 1 月，美国国防部部长罗伯特·盖茨宣布将 F-35B 生产暂停两年，以期重新设计以提高表现能力，如果不成功将会取消该子型号。洛马公司副总裁汤姆·伯比奇曾说大部分 F-35 发展延误都是由于 B 型造成的。2012 年 1 月 20 日，继任国防部部长莱昂·帕内塔称 F-35B 已取得了足够的进展，因而恢复了生产计划。

▲ F-35B "闪电Ⅱ" 战斗机

EH-101 "灰背隼"直升机

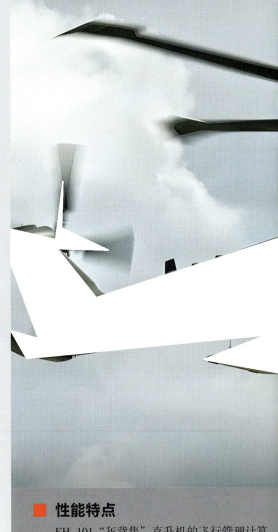

■ 简要介绍

　　EH-101"灰背隼"直升机是一款由英国和意大利联合研制的多用途直升机，由欧洲阿古斯塔·维斯特兰公司制造。该机在设计和性能上具备多项优势，使其在全球范围内广受青睐。

　　EH-101"灰背隼"直升机的研发始于20世纪70年代末，当时英国和意大利均面临海军反潜直升机作战能力不足的问题。两国政府于1979年共同出资成立了欧洲直升机公司，并启动了EH-101"灰背隼"直升机的研发项目。经过数年的努力，EH-101于1987年6月成功首飞，并于1990年开始服役。

　　自服役以来，EH-101"灰背隼"直升机凭借其卓越的性能和广泛的用途，赢得了多个国家的青睐。其主要用户包括英国皇家海军、英国皇家空军、意大利海军、阿尔及利亚海军、丹麦皇家空军、印度空军、葡萄牙空军、日本海上自卫队等。此外，EH-101"灰背隼"直升机还曾部署到伊拉克等冲突地区，执行反潜和护航等任务。

基本参数	
长度	22.81 米
高度	6.65 米
主旋翼直径	18.59 米
空重	10.5 吨
最大起飞重量	15.6 吨
发动机	3 台涡轴发动机
最大飞行速度	309 千米/时
最大航程	1389 千米
乘员	24 人

■ 性能特点

　　EH-101"灰背隼"直升机的飞行管理计算机控制着导航、座舱显示管理、执行监控和发动机状态等。AQ-S903 信号处理器可以处理来自声呐浮标以及磁异常侦测仪等设备的信号。海军型可携带 4 枚鱼雷或其他武器，反舰型可携带 2 枚空对面导弹或其他武器。它可根据情况，执行使用掠海反舰导弹攻击主要目标、对走私船进行小型武力威慑等各种任务。

相关链接 >>

　　EH-101"灰背隼"直升机采用了性能较高的5片式主旋翼，结合了两种可变截面翼剖型和后掠的翼梢，性能比传统旋翼高。主旋翼叶片使用了大量的碳纤维，叶片后缘及离心力大的部位使用碳纤维材料后加强了韧度和抗扭转强度；叶片沿翼展方向的部分则采用了玻璃纤维，这种材料的抗疲劳性能是一般材料的4至5倍。

▲ EH-101"灰背隼"直升机

AW159 "野猫" 直升机

■ 简要介绍

　　AW159 "野猫" 直升机是英国阿古斯塔·韦斯特兰公司在 "山猫" 直升机基础上研制的一款中型多用途新型武装直升机，具备强大的武器搭载能力和灵活的作战性能。它主要执行反潜战、搜索救援和反水面战等任务，是英国皇家海军和陆军的重要装备之一。

　　该直升机的研发始于 2002 年，当时阿古斯塔·韦斯特兰公司启动了 "未来山猫" 计划，旨在开发 "山猫" 直升机的后继型号。2006 年，英国国防部与阿古斯塔·韦斯特兰公司签订了战略合作协定，正式启动了 AW159 "野猫" 直升机项目的研发工作。经过数年努力，AW159 "野猫" 直升机于 2009 年 11 月成功首飞，并在随后的测试中表现出色。

　　AW159 "野猫" 直升机自服役以来，已广泛装备于英国皇家海军和陆军。它取代了原先的 "山猫" 直升机，成为英国皇家海军和陆军的主要武装直升机之一。此外，该直升机还向韩国和菲律宾等出口客户提供了装备，进一步扩大了其国际影响力。

基本参数	
长度	15.24 米
高度	3.73 米
主旋翼直径	12.8 米
最大起飞重量	6 吨
发动机	2 台涡轴发动机
最大飞行速度	291 千米/时
最大航程	963 千米
乘员	机组: 2~3 人 乘客: 7 人

相关链接 >>

AW159 "野猫" 直升机优秀的机动性一部分来自它优秀的电传操纵性，另一部分来自其出色的 BERP 旋翼设计，当然最主要的还是依赖其强劲的发动机。其前身 "山猫" 直升机早在 1986 年 8 月 11 日，就以 400 千米 / 时的飞行速度，一举打破由苏联米格 -24 直升机保持的直升机飞行速度世界纪录，这个纪录直到 2016 年才被打破。

▲ AW159 "野猫" 直升机

法国航空母舰战斗群

  1920 年，法国海军决定将第一次世界大战期间开建的诺曼底级战列舰 5 号舰"贝亚恩"号改建为法国第一艘航空母舰，作为航空母舰和舰载机技术的开发平台。

  随后，法国首次在"贝亚恩"号临时加装的木制跑道上完成了舰上起降试验。1928 年"贝亚恩"号正式服役，满载排水量 2.89 万吨，载机 40 架，在当时海军强国已建成的航空母舰中位居前列。

  "戴高乐"号航空母舰是法国史上拥有的第 10 艘航空母舰，其命名源自法国前总统戴高乐。"戴高乐"号航空母舰的建成标志着法国建立起全欧洲国家中最完整的国防工业研发体系，绝大多数关键性武器都实现了自主研发生产。

  法国航空母舰战斗群曾在 2021 年 2 月 28 日亮相。这天，法国航空母舰战斗群起航，开启了为期 4 个月的"克莱蒙梭"–21 部署任务。由"戴高乐"号航空母舰及其护卫舰组成的航空母舰战斗群在地中海东部部署，航行到印度洋和海湾地区，最后于 6 月返回法国。

  此次航空母舰战斗群主要包括："戴高乐"号航空母舰及其舰载机联队、2 艘多任务护卫舰、1 艘防空护卫舰、1 艘指挥加油舰和 1 艘核动力攻击潜艇。1 艘比利时护卫舰（F–930）、1 艘希腊护卫舰（F–464）和 1 艘美国海军阿利·伯克级驱逐舰（DDG–78）也将加入护航舰队。其中，舰载机联队包括："阵风"战斗机、E–2C 预警机、"海豚"直升机、NH–90 直升机。

  2024 年 11 月 24 日，据有关报道称，法国海军航母战斗群即将启航前往印太地区，此次任务被命名为"克列孟梭 25 号"。尽管该部署"只是一个计划"，但法国"戴高乐"号核动力航母及其属舰预计很快开始为期数月的旅程，将前往地中海东部、红海、印度洋甚至可能抵达太平洋的遥远地区。

"戴高乐"号航空母舰

■ 简要介绍

　　"戴高乐"号航空母舰是法国海军的旗舰，也是世界上唯一一艘非美国海军隶下的核动力航空母舰。它标志着法国建立起全欧洲国家中最完整的国防工业研发体系，并实现了绝大多数关键性武器的自主研发生产。该航母以其强大的作战能力和先进的技术装备，成为法国海军的重要力量之一。

　　"戴高乐"号航空母舰的研发工作始于20世纪70年代末期，法国海军着手规划一款新型核动力航空母舰，以接替从1963年服役的2艘克莱蒙梭级航空母舰。该航母的建造工作由法国船舶建造局负责，具体建造任务则由布雷斯特船厂承担。经过多年的努力，该航母于1994年5月下水，并在2001年5月正式服役。

　　自服役以来，"戴高乐"号航空母舰已成为法国海军的主力舰艇之一，参与了多次国际军事行动和海上部署任务。它搭载了多种先进的舰载机，包括"阵风"M型战斗机、E-2C"鹰眼"空中预警机等，具备强大的空中作战能力和对海对陆打击能力。

基本参数	
舰长	261.5 米（甲板）
舰宽	64.36 米（甲板）
吃水	9.43 米
排水量	42500吨（满载）
动力	2座压水堆 4台柴油机
航速	27 节
舰载机	40架各型飞机
乘员	1750 人

■ 性能特点

　　"戴高乐"号航空母舰满载排水量超4万吨，几乎是法国海军所能负担的极限。它在武器装备方面与西方传统起降航空母舰相同，只配备近程防空自卫武器。最主要的装备是由ARABEL相控阵雷达以及垂直发射"紫菀"-15近程防空导弹组成的SAAM/F防空系统，因此它成为西方国家第一艘拥有相控阵雷达与垂直发射防空导弹的航空母舰。

相关链接 >>

法国坚持"武力自主"的政策，"戴高乐"号航空母舰是很好的证明。舰上装备的动力、武器、电子系统绝大部分也都是法国自制的，足以作为法国海军的门面。由于冷战结束，欧洲国家军费大幅删减，法国海军"勒紧裤带"咬牙苦撑，才让这艘昂贵的军舰缓慢地逐步形成战斗力。

▲ "戴高乐"号航空母舰

佛宾级防空驱逐舰

■ 简要介绍

佛宾级防空驱逐舰是法国、意大利联合设计生产的新型防空驱逐舰地平线级的法国版本。1991 年，英国要发展新型驱逐舰取代 42 型驱逐舰，法国当时正在为新造的"戴高乐"号航空母舰寻找主要防空舰，于是，两国提出"下一代共同护卫舰"计划，次年意大利也参与其中。后来英国撤出，法、意两国则继续研制，并称该舰为地平线级驱逐舰。

法国原本需要 4 艘，以取代 20 世纪 60 年代服役的 2 艘絮佛伦级导弹驱逐舰和 80 年代末期完成的 2 艘卡萨尔级驱逐舰。但碍于预算不够，法国只在 2000 年 10 月 27 日签署了第一批 2 艘的合约。首舰"佛宾"号于 2002 年 4 月开工建造，2005 年 3 月 10 日在法国舰艇建造局的洛里昂船厂下水，2006 年底服役。2 号舰"舍瓦利亚·保罗"号则于 2003 年 12 月开始建造，计划 2008 年交付法国海军，但直到 2009 年 12 月 21 日，法国海军才接收了"舍瓦利亚·保罗"号。按照惯例，这 2 艘法国驱逐舰被称为佛宾级。

基本参数	
舰长	152.87 米
舰宽	20.3 米
吃水	5.4 米
排水量	5600 吨（标准） 6635 吨（满载）
动力	2 台燃气轮机 2 台柴油机
航速	29 节
续航力	7000 海里 / 18 节
乘员	174 人

■ 性能特点

佛宾级驱逐舰的舰体具有多种隐身设计，主要武器系统为法国与意大利合作发展的基本型防空导弹系统。最主要武器是 6 组八联装的"席尔瓦"A–50 垂直发射系统，依照法国的配置，均装填"紫菀"防空导弹。此外，舰上还预留再装 2 组的空间，导弹总数可达 64 管。该舰除能为航空母舰提供防空火力支援外，还具有较强的反潜、反舰及对岸作战能力。

相关链接 >>

佛宾级防空驱逐舰多次参加海外活动。2019年5月19日至22日，来自美国、日本、澳大利亚、法国4国的10艘舰艇，于印度洋进行联合军事演习。参演者中，法国军舰有"戴高乐"号航空母舰、"佛宾"号防空驱逐舰、"普罗旺斯"号反潜驱逐舰和"马恩"号补给舰等。

▲ 佛宾级防空驱逐舰

卡萨尔级驱逐舰

■ 简要介绍

卡萨尔级驱逐舰是法国在乔治·莱格级反潜型驱逐舰基础上改进而来的一款防空型驱逐舰，具备强大的防空能力和多任务执行能力。卡萨尔级驱逐舰主要担负为航空母舰战斗群或护航编队提供区域和局部区域的防空任务，同时也可作为多用途驱逐舰承担对海、反潜和对空作战任务。

该级驱逐舰的研发始于 1975 年，法国舰艇技术建造局在乔治·莱格级反潜型驱逐舰的基础上，针对防空需求进行了设计改进。改进重点包括动力装置、直升机机库以及武器装备的升级。经过多年的研发与测试，卡萨尔级驱逐舰成功集成了先进的防空导弹系统、雷达系统以及舰载直升机，成为法国海军的重要防空力量。

卡萨尔级驱逐舰共建造了 2 艘，首舰"卡萨尔"号于 1988 年服役，2 号舰"让·巴特"号于 1991 年服役。这 2 艘驱逐舰在法国海军中扮演了重要角色，尤其是在地平线级驱逐舰正式加入法国海军之前，它们一直是法国海军最倚重的防空舰艇。

基本参数	
舰长	139 米
舰宽	14 米
吃水	5.7 米
排水量	4230 吨（标准） 4700 吨（满载）
动力	4 台皮尔斯蒂克 18PA6–V280 BTC 柴油发动机
航速	29.5 节
续航力	8200 海里 / 17 节
乘员	225 人

30……
装……8 枚"飞鱼"……中程防空导弹；
2 具 6……系统；2 座鱼雷发射管。

相关链接 >>

在舰载电子设备上，卡萨尔级驱逐舰在 1992 年换装了 1 具安装在圆形天线罩内的汤姆逊 –CSF 公司生产的 DRBJ–11B 三坐标对空搜索雷达。该雷达工作在 E/F 波段，最大搜索距离可达 366 千米。另外，它还装备了 1 具 DRBV–26C 型 D 波段对空 / 对海搜索雷达，以及 2 具 SPG–51C 型火控雷达用于引导"标准"防空导弹。

▲ 卡萨尔级驱逐舰

阿基坦级护卫舰

■ 简要介绍

阿基坦级护卫舰是法国与意大利合作研发的一款多用途护卫舰，主要服务于法国海军，旨在替换老旧的乔治·莱格级驱逐舰和卡萨尔级驱逐舰。该级护卫舰拥有出色的隐身性能、先进的武器系统和电子设备，是法国海军的重要力量。

阿基坦级护卫舰的研发始于2002年，当时法国和意大利两国的国防部部长提出共同发展的倡议，并于2003年完成设计要求定位工作。法国方面的主要承造单位为法国海军造船厂的洛里昂海军船厂。该级护卫舰的设计充分借鉴了地平线级驱逐舰的经验，并融入了最新的隐身技术和作战理念。经过多年的研发与测试，阿基坦级护卫舰于2007年正式开工建造，首舰"阿基坦"号于2010年下水，2012年服役。

阿基坦级护卫舰自服役以来，已成为法国海军的主力舰艇之一。该级护卫舰计划建造多艘，包括反潜型和防空型两种。

基本参数	
舰长	140.4 米
舰宽	19.7 米
吃水	5.2 米
排水量	4500 吨（标准） 6040 吨（满载）
动力	1 台 LM-2500+G4 燃气轮机 4 组 1.2 MW 级柴油发电机 2 台 EPM 主推进电机
航速	27 节
续航力	6000 海里/15 节
航员	108 人

■ 性能特点

阿基坦级护卫舰具有高生存性。全舰均为钢材制造，采用能抵御核爆与外部污染的气密堡垒构型，主要作战指挥舱室与动力轮机舱房周围都设置钢板装甲，舱壁中间也保留中空结构；水线以下分隔成11个水密隔舱，即便3个相连舱室进水也能确保船身浮在水面上。此外，它还配备相控阵雷达、"紫菀"防空导弹，注重隐身能力和区域防空能力。

▲ 阿基坦级护卫舰

相关链接 >>

　　阿基坦级护卫舰是世界新锐护卫舰建造计划和国际国防合作项目的范例之一。舰上大量应用拉斐特级护卫舰与地平线级驱逐舰的研发经验，舰上所有的装备都沿用现有成品，并做到最佳利用。由于先进的制造工艺，它在被2枚"鱼叉"中型反舰导弹击中后有90%的概率维持不沉，70%的概率保有部分战斗力。

拉斐特级护卫舰

■ 简要介绍

拉斐特级护卫舰是法国海军隶下的一款远洋巡逻护卫舰，其舰名是为了纪念 18 世纪法籍美国大陆军少将、美国独立战争英雄拉斐特侯爵。

该级护卫舰的研发始于 20 世纪 80 年代，旨在取代旧有的远洋巡逻舰，承担法国专属经济区及海外属地的巡逻任务。其设计强调隐身性能，是世界上最早在舰体设计建造上全面考虑降低各种信号的护卫舰之一。

拉斐特级护卫舰共建造了 5 艘，从 1994 年到 2001 年陆续服役。这些护卫舰在法国海军中扮演着重要角色，不仅执行巡逻任务，还参与了多次国际军事行动。近年来，法国海军还对部分拉斐特级护卫舰进行了现代化升级，以提升其作战能力和延长服役寿命。

基本参数	
舰长	125 米
舰宽	15.4 米
吃水	5.8 米
排水量	3230 吨（标准） 3600 吨（满载）
动力	4 台皮尔斯蒂克 12PA6V280 STC2 柴油发动机
航速	25 节
续航力	7000 海里 / 15 节
乘员	141 人

■ 性能特点

拉斐特级护卫舰被法国海军定义为远洋属地巡逻舰，担负法国广大的专属经济区以及海外属地的巡逻任务。它只具备水面作战功能，防空方面仅能实现基本自卫，而且不具有反潜作战能力，本身没有任何反潜火控、武器系统与水下侦测装备。舰载直升机主要执行海面巡逻、搜救、反舰导弹标定等与反潜无关的任务。

相关链接 >>

拉斐特级护卫舰是世界上最早采用全面降低舰体低可侦测性设计的护卫舰，对 20 世纪 90 年代各国军舰的设计产生了深远的影响。比如它拥有异于以往的舰体外观，尽可能避免形成强烈的雷达波全反射角，并将雷达回波尽量控制在某几个方位，使敌方不易在某个方向持续获得完整的雷达回迹。

▲ 拉斐特级护卫舰

红宝石级攻击型核潜艇

■ 简要介绍

红宝石级攻击型核潜艇是法国海军隶下的一款小型攻击型核潜艇，也是法国海军第一代攻击型核潜艇。它以紧凑的艇体和高效的核动力系统为特点，成为全球最小的攻击核潜艇之一；以其灵活性和操控性在地中海等复杂水文环境中表现出色。

红宝石级核潜艇的研发历程充满波折。20世纪50年代，法国开始尝试建造第一代攻击型核潜艇，但因美国拒绝提供核反应堆等关键技术，项目一度中止。此后，法国决定自力更生，先研制战略核潜艇，再转向攻击型核潜艇的研发工作。红宝石级核潜艇正是在这样的背景下诞生的，其小尺寸反应堆采用了"积木式"的一体化设计原理，具有结构紧凑、系统简单、重量轻等优点。

红宝石级核潜艇于1979年开始服役，共建造了6艘，其中后2艘为改进型。这些潜艇在法国海军中发挥了重要作用，不仅执行了多次巡逻和训练任务，还参与了多次国际军事行动。

基本参数	
艇长	72.1 米
艇宽	7.6 米
排水量	2730 吨（潜航）
动力	1 座压水堆 1 台柴油机
航速	28 节（潜航）
潜航深度	300 米
乘员	70 人

■ 性能特点

红宝石级核潜艇采用了"积木式"的一体化设计原理，反应堆的所有部件都是一个完整的结合体，具有结构紧凑、系统简单、体积小、重量轻、便于安装调试、可提高轴功率等一系列优点，并有助于降低辐射和噪声。主武器为大名鼎鼎的"飞鱼"潜射反舰导弹，速度为 1100 千米/时的时候射程为 50 千米。鱼雷主要为 F-17 II 型和 L-5 III 型。

相关链接 >>

红宝石级核潜艇全长 72.1 米，宽 7.6 米，水下排水量 2730 吨，仅相当于一艘常规潜艇，真不负"袖珍核潜艇"的称号。小也有小的优势，大型核潜艇在浅水区会变得"英雄无用武之地"，而小型核潜艇却正好大显身手。法国是地中海沿岸国家，它的海军主要活动在地中海，而这一海域的许多海区都非常适合用红宝石级核潜艇巡航。

▲ 红宝石级攻击型核潜艇

西北风级两栖攻击舰

■ 简要介绍

　　西北风级两栖攻击舰是法国于 20 世纪末研制的一款先进两栖作战舰艇，旨在取代老旧的闪电级船坞登陆舰，并增强法国海军的两栖作战能力。该级舰具备强大的运载和投送能力，可搭载多种直升机和装甲车辆，以及大量海军陆战队员，是法国海军实施两栖作战与远洋投送的主力舰艇。

　　西北风级两栖攻击舰的研发始于1997年，当时法国海军提出了一个名为 PA2 的项目，旨在建造一艘能够搭载"猎鹰"战斗机的中型核动力航空母舰。然而，由于预算、技术和政治等因素，该项目最终转变为建造一艘能够搭载直升机和垂直起降战斗机的两栖攻击舰。2004年，法国政府正式批准了西北风级两栖攻击舰的建造计划，并于 2007 年与法国造船集团签订了合同。经过数年的建造和测试，首艘西北风级两栖攻击舰于 2012 年下水并正式服役。

　　截至目前，法国海军共建造并服役了 3 艘西北风级两栖攻击舰，分别为"西北风"号、"托内尔"号和"迪克斯梅德"号。

基本参数	
舰长	199 米
舰宽	32 米
吃水	6.3 米
排水量	21500 吨（满载）
动力	3 台柴油发电机组
航速	18.8 节
续航力	10700 海里 / 15 节
乘员	160 人

■ 性能特点

　　西北风级两栖攻击舰配备改良自"戴高乐"号航空母舰的 SENIT-9 作战系统与完善的指管通情装备，并与北约海军 Link-11/16/22 数据链兼容，能掌控两栖载具与直升机队的运作；还配备 MRR3D-NG C 频 3D 对空 / 平面搜索雷达以及光电射控系统，功能十分完善。舰载武器为 2 门"布雷达"30 毫米 70 倍径自动化机炮、2 组"马特拉"双联装短程防空导弹发射器以及 4 挺 12.7 毫米机枪。

相关链接 >>

　　2009 年，俄罗斯决定从法国购买 4 艘西北风级两栖攻击舰。2013 年 10 月 15 日，俄罗斯的西北风级首舰"符拉迪沃斯托克"号在位于大西洋海岸的法国圣纳泽尔市举行下水仪式。

▲ 西北风级两栖攻击舰

"阵风"M舰载战斗机

简要介绍

"阵风"M舰载战斗机是法国达索公司（现称达索航空）研制的一款双发单座多用途舰载战斗机。它专为航母作战设计，拥有加固的起落架和着舰尾钩，适合在航母上起降，并具备出色的低速可控性和高机动性。

"阵风"M的研发始于对空军型"阵风"战斗机的改进和适应航母的需求。该战斗机在保持空军型号基本设计的基础上，增强了机身结构强度，增设了降落尾钩并加固了主起落架，以适应舰载机着舰时的高速冲击。此外，"阵风"M还采用了三角翼配合近耦合前翼的先进气动布局，以及先天不稳定气动设计，以达到高机动性和飞行稳定性的平衡。

"阵风"M舰载战斗机于2000年12月开始服役于法国海军。其以卓越的性能和多功能性在多个国际场合展示了法国海军的航空实力。近年来，"阵风"M还出口到了印度等国家，成为印度海军首艘国产航母"维克兰特"号的舰载机。

基本参数

基本参数	
长度	15.27 米
翼展	10.80 米
高度	5.34 米
空重	9.67 吨
最大起飞重量	24.5 吨
发动机	2 台斯奈克玛 M88-2 涡扇发动机
最大飞行速度	1912 千米/时
实用升限	15.235 千米
最大航程	3400 千米（配3个副油箱）

性能特点

"阵风"M舰载战斗机是第一款拥有内置的电子防御系统（频谱综合电子战系统）的战斗机，该系统拥有基于软件的虚拟隐身侦测技术。不过"阵风"战斗机最重要的传感器是RBE2无源相控阵火控雷达，它通过预先发现并在近程空战和远程拦截中同时跟踪多个空中目标，即时产生三维地形图及高分辨率地图来进行导航和火控。

相关链接 >>

　　"阵风" M 舰载战斗机内整合了一套综合电子战系统——SPECTRA，它是一套高度整合与自动化的系统，因此无须占用挂架。此系统的功能包括对威胁目标产生的信号作长距离侦测、辨别及精准定位，能应对红外线、电磁波及激光信号，可以对 360 度的全频谱作出侦测，其精准度误差小于 1 度，足以对个别威胁进行干扰或攻击。

▲ "阵风" M 舰载战斗机

AS-565 "黑豹" 直升机

■ 简要介绍

AS-565"黑豹"直升机是欧洲直升机法国公司（前身为法国宇航公司）研发的一款多用途直升机，其以卓越的性能和广泛的应用领域而闻名，适用于执行救援、运输、反潜、对地支援等多种任务。

该直升机的研发始于 20 世纪 70 年代，作为"海豚"系列直升机的发展型，AS-565"黑豹"直升机在继承"海豚"直升机优良性能的基础上，进行了多项重大改进。其机体结构采用的复合材料比例增加，增强了强度和耐腐蚀性；动力装置升级为 2 台透博梅卡公司的涡轴发动机，提供了更为强劲的动力；同时，还配备了先进的航电系统和武器系统，以满足不同作战需求。

AS-565"黑豹"直升机自 1988 年服役以来，受到了全球多个国家的青睐，并广泛装备于各国军队。其出色的性能和多任务能力使其在救援、反潜、巡逻、对地支援等多个领域发挥着重要作用。此外，AS-565"黑豹"直升机还衍生出多种型号，如反潜型、武装型等，以满足不同用户的特定需求。

基本参数	
长度	13.68 米
高度	3.97 米
主旋翼直径	11.94 米
最大起飞重量	4.3 吨
发动机	2 台涡轴发动机
最大飞行速度	287 千米/时
最大航程	859 千米
乘员	机组：1人或2人 乘客：10人

■ 性能特点

AS-565"黑豹"直升机适合各种作战需要。它带有 ORB-32 对海搜索雷达、磁探仪、声呐浮标；其机身两侧可挂 22 枚 68 毫米火箭弹加 19 枚 70 毫米火箭弹、AS-15TT 反舰导弹及 1 具 20 毫米炮舱，可连续进行 3 小时火力支援；装备的 MK-46 鱼雷、"白头"鱼雷具备对地支援和攻击大型军舰的能力。当进行直升机空战时，它可挂 4 枚空空导弹加 1 门机炮。

相关链接 >>

AS-565 "黑豹" 直升机生存能力强。机身复合材料的使用比例增加了 15%，增强了强度和耐腐蚀性；发动机装有喷焰衰减偏转器，降低了红外辐射；座椅可防弹，油箱中弹后可自封；座舱增强了抗坠毁能力，有夜视仪及电子干扰设备，更适合于贴地飞行。

▲ AS-565 "黑豹" 直升机

EC725 "狞猫"直升机

■ 简要介绍

EC725 "狞猫"直升机,现被称为空中客车直升机公司的 H225M,是法国研制的一款中型多用途军用直升机。它具有强大的运载能力和多任务适应性,可执行运输部队、后送伤员、战斗搜索和 VIP 运送等多种任务。

EC725 的研发始于 2000 年,基于欧洲直升机公司的 AS532 "美洲狮"直升机进行改进和升级。研发过程中采用了大量先进技术,不仅继承了"美洲狮"直升机的优良性能,还通过增强机身结构和换装新型发动机,显著提升了飞行性能和作战能力。

自 2005 年首架 EC725 直升机交付法国空军以来,该型直升机已在多个国家军队中服役,包括巴西、马来西亚、墨西哥等。EC725 凭借卓越的性能和广泛的适用性,在各国军队中发挥着重要作用,成为执行多样化任务的重要工具之一。

基本参数	
长度	19.5 米
高度	4.6 米
主旋翼直径	16.2 米
最大起飞重量	11.2 吨
发动机	2 台透博梅卡"马吉拉" 2A1 涡轴发动机
最大飞行速度	324 千米/时
最大航程	1400 千米
乘员	机组:2 人 乘客:28 人

■ 性能特点

EC725 "狞猫"直升机采用了全新的 5 叶片主旋翼和新的翼型,以减少振动和噪声,还可以配备防冰系统。2 台透博梅卡"马吉拉" 2A1 涡轴发动机具有双通道完全授权数字引擎控制系统。该直升机具备空中加油能力,可以在敌后长时间飞行。机身也配备了较为完整的导弹逼近告警系统、红外干扰系统,机上还配备了 FNMAG 7.62 毫米舱门机枪。

相关链接 >>

2021 年，法军还租赁了 15 架"狞猫"的民用型 H225，以取代 12 架"美洲豹"和 3 架"超级美洲豹"直升机。相比空军，法国陆军轻型航空兵和海军航空兵当时装备的是更先进的 NH-90"海狮"直升机。但这种直升机比"狞猫"直升机价格更贵，而且可靠性不好，德国的 NH-90 直升机已长时间停飞。

▲ EC725"狞猫"直升机

NFH-90 舰载直升机

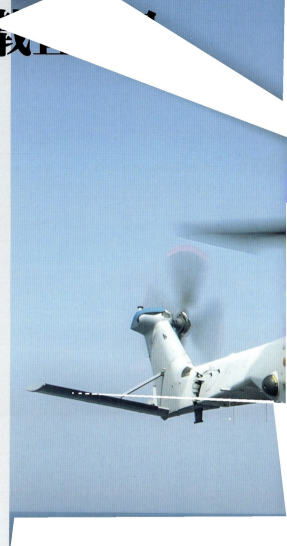

■ 简要介绍

　　NFH-90 舰载直升机是一款由英国、法国、德国、意大利和荷兰（后英国退出）等国共同研制的双发多用途舰载直升机，是 NH-90 直升机系列中的海军型，能够执行反潜、反水面舰艇、空中战斗支援、垂直补给、搜寻和救助等多种任务。

　　NFH-90 的研发始于 20 世纪 80 年代，由北约直升机工业公司（现为空中客车直升机公司）牵头，多国合作进行。在研发过程中，各国根据自身技术特长进行分工合作，共同攻克了多项技术难题。经过多年的努力，NFH-90 于 1995 年成功首飞，并在随后几年内完成了各项测试和评估工作。

　　NFH-90 舰载直升机自服役以来，已广泛装备于多个北约成员国的海军部队中。其出色的性能和可靠性得到了用户的高度评价。在海上作战中，NFH-90 能够发挥重要作用，为舰艇编队提供强有力的空中支援和保障。同时，随着技术的不断发展和用户需求的不断变化，NFH-90 也在持续进行改进和升级，以更好地适应未来海上作战的需求。

基本参数	
长度	19.4 米
主旋翼直径	16.3 米
最大起飞重量	9.1 吨
发动机	2 台通用电气 CT7-8E 涡轴发动机或 2 台罗尔斯·罗伊斯-透博梅卡 RTM322-1/9 涡轴发动机
最大飞行速度	310 千米/时
最大航程	1100 千米
乘员	机组：2 人 乘客：20 人

■ 性能特点

　　NFH-90 直升机的航空电子组件包括"泰雷兹"Topowl 头盔瞄准显示器、战术前视红外系统和磁性异常探测器及声呐套件。携带的武器有反潜艇鱼雷、空地火箭和空空导弹。它能配合使用欧洲宇航防务集团研制的电子战套件系统，包括箔条和曳光弹投放器、导弹接近告警系统、雷达/激光告警接收机等，并装备综合通信和识别管理系统。

相关链接 >>

　　NFH-90舰载直升机在反潜战斗中，能够实施探测、筛分、识别跟踪和攻击潜艇。它在被称为"重新部署待命"的4小时任务中，能在从甲板起飞后35分钟到达操作区域；20分钟释放声呐浮标；在操作的区域侦测2小时；30分钟完成释放鱼雷操作、35分钟回到载运舰艇并且着舰；20分钟用于进入机库。

▲ NFH-90舰载直升机

"流星"中程空空导弹

■ 简要介绍

　　"流星"中程空空导弹是欧洲导弹集团研制的一款超视距作战空空导弹，旨在提供对远距离空中目标的超视距打击能力。该导弹采用主动寻的雷达导引头和双向数据链技术，具备速度快、机动性好、抗干扰能力强的特点，整体性能超越了世界各国现役的各型中距拦射空对空导弹。

　　"流星"中程空空导弹的研发始于 20 世纪 90 年代，由法国、英国、德国、意大利、瑞典和西班牙 6 国共同合作。这一项目旨在打破美国在中程空空导弹市场的垄断地位，提升欧洲军工企业的竞争力。经过多年的努力，该导弹于 2016 年 7 月开始服役，标志着欧洲在空空导弹技术方面取得了重大突破。

　　自服役以来，"流星"中程空空导弹迅速成为欧洲多国空军的主力装备之一，被安装在"阵风""台风""鹰狮"等先进战斗机上。在多次军事演习和实战中，"流星"导弹均表现出色，赢得了广泛的赞誉。

基本参数	
弹重	185 千克
弹长	3.65 米
弹径	0.178 米
速度	4900 千米/时
最大射程	200 千米

■ 性能特点

　　"流星"中程空空导弹采用了主动寻的雷达导引头及双向数据链技术，发动机燃气流量调节比大于 10，具有相当宽的飞行包线。它采用固体火箭冲压发动机和弹载脉冲多普勒雷达，具有全天候攻击能力，在相当广的空域内具有同时对付多个目标的能力。即使目标做 8G 至 9G 的机动过载，"流星"依然能够跟踪到目标并将其摧毁。

相关链接 >>

今天的空战，几乎看不到两架战机在空中格斗的情景，这是因为超视距空中作战的时代已经来临。超视距空中作战的比拼，首先是看谁的雷达更先进，其次是看谁的空空导弹更强大。许多业内人士认为，"流星"中程空空导弹比国际上现役所有的中程空空导弹都要先进。

▲ "流星"中程空空导弹

"紫菀"防空导弹

■ 简要介绍

"紫菀"防空导弹又称"阿斯特"防空导弹，是法国与意大利合作开发的一款先进防空导弹族系，包括紫菀-15短程防空导弹和紫菀-30区域防空导弹两种型号。该导弹采用垂直发射系统，可部署于舰上或地面移动车辆上，具备强大的防空和反导能力。

"紫菀"防空导弹的研发始于20世纪80年代末，旨在替代两国当时装备的旧式防空导弹系统，并提高整体防空能力。在研发过程中，两国共同组建了欧洲防空导弹联合体，并得到了法国航空航天马特拉公司和意大利马可尼公司等企业的支持。经过多轮试射和测试，紫菀-15和紫菀-30分别于1993年和1995年试射成功。

自2001年起，"紫菀"防空导弹系统开始在法国和意大利军队中服役，并逐渐获得了其他国家的认可。目前，已有包括英国、新加坡在内的多个国家采购并部署了该系统。在服役过程中，"紫菀"防空导弹系统凭借其卓越的性能和可靠性，成功拦截了多起空中威胁。

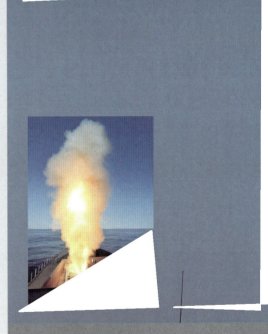

基本参数	
弹重	310 千克（Aster 15） 450 千克（Aster 30）
弹长	2.6 米（Aster 15） 2.6 米（Aster 30）
弹径	0.18 米（Aster 15）
射程	1.7~30 千米（Aster 15） 3~120 千米（Aster 30）
速度	4288 千米/时（Aster 15） 5512 千米/时（Aster 30）

■ 性能特点

"紫菀"防空导弹拥有异于现役典型舰载防空导弹的动力设计，配置的ARABEL多功能雷达具有搜索、探测、目标识别、全方位多目标自动追踪等多种功能，能同时追踪50多个目标并指挥导弹攻击其中10个威胁最大的目标。该导弹采用终端主动导引模式和弹尾推力矢量控制技术，具有高过载转向攻击能力，拦截精度更高。

相关链接 >>

　　"Aster"对应中文词典中"紫菀"
这一菊科植物，因此"Aster missile"
被翻译成"紫菀"防空导弹，如同"企业"
号航空母舰一样。该导弹的基本型被命名
为"紫菀"–15，增程型被命名为"紫
菀"–30。同时发展的还有舰载反导防
空系统和海基防空系统。

"飞鱼"反舰

■ 简要介绍

"飞鱼"反舰导弹也被称为 AM-39 型反舰导弹，是一款由法国和意大利共同研制的超声速反舰导弹，专门设计用于摧毁敌方军舰。它采用鸭式气动布局，配备 1 台涡喷发动机，具备高度机动性和隐蔽性，并携带大量战斗部，对敌方舰艇构成致命威胁。

该导弹的研发始于 20 世纪 70 年代，由法国航空航天公司（现空客防务与航天公司）主导，意大利也参与了部分研制工作。经过一系列的风洞试验和实弹射击测试，最终于 80 年代初期成功研制出原型机，随后进入量产阶段。

自 20 世纪 80 年代中期开始，"飞鱼"导弹逐渐在各国海军中服役。由于其出色的性能和可靠性，很快便成为多个国家海军的主力装备之一。特别是在一些地区冲突中，"飞鱼"导弹展示了其强大的作战能力，赢得了广泛的实战赞誉。

基本参数	
弹重	650 千克
弹长	4.7 米
弹径	0.348 米
弹头重量	165 千克
速度	1136 千米/时
射程	70 千米

■ 性能特点

"飞鱼"反舰导弹的主要目标是大型水面舰艇，其弹身长 4.7 米，翼展 1.1 米，重 670 千克。它在飞行时采用惯性导航，等到接近目标后才启动主动雷达搜寻装置，因此在接近目标前很难被对方提早察觉。它的推进器使用的是固体燃料，飞行距离达 70 千米。

相关链接 >>

最让"飞鱼"反舰导弹声名鹊起的事件，莫过于其在 1982 年爆发的英阿马岛战争中击沉了英国的"谢菲尔德"号驱逐舰。在 5 月 4 日的战斗中，2 架从阿根廷起飞、隶属于阿根廷空军的法制"超级军旗"攻击机在距离英国舰队 20 千米远的地方发射了 2 枚"飞鱼"反舰导弹，其中 1 枚击中"谢菲尔德"号舰身中央的电子火控室引发大火，使其在 5 月 10 日沉没。

▲ "飞鱼"反舰导弹

ASMP 中程空

■ 简要介绍

　　ASMP 中程空地导弹是法国宇航公司为法国军队开发的一款空射超声速核巡航导弹，是法国核威慑力量的重要组成部分，被定位为全面核报复行动前的"最终警告"武器。它具备超声速巡航能力，能够携带核弹头对敌方地面或海上目标实施精确打击。

　　ASMP 导弹的研发始于 20 世纪 70 年代，经过多轮方案论证和试验，于 1978 年正式选定法国宇航公司为主承包商开始研制。该导弹采用了先进的冲压发动机技术和复合材料结构，以提高其飞行性能和生存能力。经过数年的努力，ASMP 导弹于 1986 年成功服役，成为法国空军和海军的重要核打击手段之一。

　　ASMP 导弹自服役以来，一直是法国军队核威慑力量的核心组成部分。它被广泛装备于法国空军的"幻影"系列轰炸机和海军的"超级军旗"攻击机上，用于执行战略和战术核打击任务。此外，法国还不断对 ASMP 导弹进行升级和改进，以提高其性能和可靠性。

基本参数	
弹重	860 千克
弹长	5.38 米
弹径	0.38 米
弹头	TN81 核弹
射程	300~500 千米

■ 性能特点

　　ASMP 中程空地导弹是一款非常小巧且漂亮的超声速空地导弹。它的 TN81 弹头当量达 10 万至 30 万吨级 TNT，相当于 1945 年投在日本广岛的"小男孩"原子弹的 10 倍以上。而其改进型 ASMP-A 是一款采用液体燃料冲压式发动机的超声速空地导弹，飞行速度可达 3600 千米/时。

相关链接 >>

ASMP 中程空地导弹服役后，法国
可以通过轻型攻击机进行战术核打击，
为法国核打击武器提升了相当的准确度和突防
能力，且使法国海军拥有现今唯一可以借由
航空母舰舰载机空射核武器的部队。据媒
体报道称，法国在 1990 年时生产了 90
枚 ASMP 导弹与 80 枚弹头，2001 年
空军尚有 60 枚服役、海军则有 10
枚；初期型 ASMP 导弹在 2010
年前后退役。

▲ ASMP 中程空地导弹

"风暴阴影"

■ 简要介绍

"风暴阴影"巡航导弹也被称为 SCALP-EG 导弹，是欧洲导弹集团联合研制的一款高精度、远程空射防区外巡航导弹。该导弹具备高精度、隐身性和远程打击能力，被视为欧洲版的"战斧"导弹，打破了美国在该领域的垄断。

1994 年，为了提升欧洲的远程打击能力和战略威慑力，欧洲多国决定联合研制一款高精度巡航导弹。由英国和法国联合牵头，意大利、德国、西班牙和瑞典等国也参与其中。经过数年的努力，该导弹于 2001 年正式定型量产，并开始在欧洲多国军队中服役，已成为英国、法国、意大利、希腊等国空军的重要装备之一，还出口至印度、卡塔尔、沙特阿拉伯和阿拉伯联合酋长国等国。其主要发射平台包括欧洲的多型战斗机，如英国的"台风""狂风"，法国的"阵风""幻影 2000"等。在多次国际冲突和军事演习中，"风暴阴影"导弹均表现出优异的性能，成功完成对各类高价值目标的精确打击任务。

基本参数	
弹重	1300 千克
弹长	5.1 米
弹径	0.48 米
射程	超过 300 千米
速度	980 千米 / 时

■ 性能特点

"风暴阴影"巡航导弹射程超过 300 千米，其弹头设计能有效贯穿岩层或地下碉堡；制导系统是"惯性 + 地形匹配"修正控制系统，可以在准备发射时进行飞行轨迹参数和目标坐标的计算；能在昼夜条件下对敌方目标发动精确打击，圆概率误差约为 10 米。除此之外，该导弹核常兼备，作战平台灵活多样，可由战舰垂直发射，也可由战斗机挂装。

相关链接 >>

　　"风暴阴影"巡航导弹是世界上第一种真正的隐形巡航导弹。为避开雷达的探测，这种导弹能在距地面不到100米的低空飞行，还可以通过战斗机靠近目标区域发动突然攻击，突破能力和机动性更强，英国军事专家称其可以完成最危险的任务、击中任何目标。

▲ "风暴阴影"巡航导弹

意大利航空母舰战斗群

论实力，在欧洲大陆地区，意大利海军一直都仅次于法国，位居第二；但在地中海区域，意大利海军实力位居第一。

意大利"加富尔"号航空母舰是目前意大利海军的旗舰。这是一款于21世纪伊始建造的航空母舰，并于2009年投入使用。

意大利航空母舰的发展逐步转向两栖作战，特别是F-35B联合攻击战斗机的加入，更是大大降低了对于飞行甲板面积的要求，满足了多样性作战任务的需求，所以意大利航空母舰设计也更加贴近于两栖登陆舰。"加富尔"号与地平线级驱逐舰和欧洲多任务护卫舰组成了颇具欧洲特色的海上远洋舰队，是意大利海军的核心和主力。

从"加富尔"号航空母舰的设计可以发现，未来轻型航空母舰的主要任务已经从冷战时代的反潜作战转变为提供两栖作战所需的空中支援与承载能量，甚至与以往专业两栖舰艇的界限日益模糊。

意大利轻型航空母舰还拥有能容纳登陆部队、物资的空间，这造就了"加富尔"号兼具轻型航空母舰与两栖运输舰功能的弹性设计。因此，未来这类拥有两栖因素的轻型航空母舰将越来越多，以应对国际局势的变化。

"加富尔"号航空母舰战斗群配备多用途反潜直升机、驱逐舰、快速战斗支援舰、潜艇、护卫舰等。舰载飞机由AV-8B"鹞"式战斗机、F-35B"闪电II"联合攻击战斗机、EH-101"灰背隼"直升机、NH-90直升机以及SH-3D直升机等两款战斗机和三款直升机组成。

"加富尔"号

■ 简要介绍

"加富尔"号航空母舰是意大利 21 世纪的第一艘新航母，是意大利海军的核心和主力。该舰采用了先进的舰体设计和武器装备，具有强大的载机能力和作战灵活性。

"加富尔"号航空母舰的研发始于 20 世纪 90 年代末，是意大利海军"NUM 计划"的重要组成部分。该舰在研发过程中充分吸取了以往航母的设计经验，并结合现代海战的需求进行了全面优化。经过多轮设计和测试，最终确定了以滑跃起飞垂直降落为主要起降方式的航母设计方案。

"加富尔"号航空母舰于 2001 年开工建造，2004 年在热那亚下水，经过一系列的海试和调试后，于 2008 年正式服役。该舰服役后，参与了多次国际军事行动和海上演习，展现了其强大的作战能力和灵活性。同时，"加富尔"号航空母舰还具备两栖作战能力，可以搭载大量登陆艇和装甲车辆，为登陆作战提供有力支持。

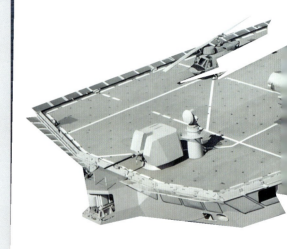

基本参数	
舰长	235.6 米
舰宽	39 米
吃水	7.5 米
排水量	220000 吨（标准） 27100 吨（满载）
动力	复合燃气轮机与燃气轮机系统 4 台燃气轮机
航速	29 节
续航力	7000 海里/16 节
乘员	1271 人

■ 性能特点

"加富尔"号航空母舰拥有完善的先进探测与作战系统，大量应用地平线级驱逐舰所发展的软件和硬件。它最重要的防空自卫装备是"萨姆"-I 近程防空导弹系统。舰上的 EMPAR 多功能 3D 相控阵雷达采用 G/C 频操作，最大探测距离约 180 千米，可同时探测 300 个目标并追踪其中 50 个，同时导引 24 枚"紫菀"-15 防空导弹攻击 12 个最具威胁性的目标。

▲ "加富尔"号航空母舰

相关链接 >>

  "加富尔"号航空母舰是意大利海军的瑰宝，但它也经历了不少挑战。在建造中，由于技术问题和预算限制，该航空母舰的建造遭到了延迟和调整。此外，在使用过程中，该航空母舰曾多次出现技术故障和安全事故，如火灾和冲撞事故，甚至在一次演习中，一架飞机误射导弹，导致人员伤亡和设备损坏。

安德烈亚·多里亚级驱逐舰

■ 简要介绍

安德烈亚·多里亚级驱逐舰是法国、意大利联合设计生产的最新型防空驱逐舰地平线级的意大利版本。

意大利对新型驱逐舰的需求本为6艘，以取代于20世纪70年代初期服役的2艘勇敢级导弹驱逐舰。与法国相同，意大利由于预算删减，也只先订购了首批2艘。"安德烈亚·多里亚"号原本是意大利新一代NUM轻型航母的名称，但后来轻型航母更名为"加富尔"号。于是，该名称转让给了首艘地平线级驱逐舰，该级驱逐舰便被称为安德烈亚·多里亚级驱逐舰。

"安德烈亚·多里亚"号于2002年7月19日在泛安科纳造船厂切割第一块钢板，2005年10月16日下水，2007年12月22日成军，2008年达到全战备能力。2号舰"卡欧·杜里奥"号则于2003年9月19日开工，2007年10月23日下水，2009年4月3日服役。安德烈亚·多里亚级驱逐舰成为"加富尔"号航空母舰的主要防空护卫舰。

基本参数

基本参数	
舰长	149.3 米
舰宽	17.3 米
吃水	5.4 米
排水量	5000 吨（标准） 6500 吨（满载）
动力	2 台燃气轮机 2 台柴油机
航速	31 节
续航力	7000 海里 / 18 节
乘员	174 人

■ 性能特点

安德烈亚·多里亚级驱逐舰配备3门"奥托·梅莱拉"76毫米舰炮的超快速型，肩负近迫防空任务。反舰导弹为8枚意大利自制的"奥图玛"MK.3，此外还有2门自动操作的KBA 25毫米机炮，直升机则为1架EH-101。在反潜方面，该舰配备1具"泰雷兹"CMS 4100CL舰首低频主/被动声呐系统；拥有2具三联装鱼雷发射器，配备法、意合作研发的新型MU90轻型鱼雷。

相关链接 >>

意大利有一款安德烈亚·多里亚级战列舰，经常与同名的驱逐舰混淆。该级战列舰在1915年服役，20世纪30年代末，为了增强战斗力，意大利军方还对该级舰进行了彻底的现代化改装。但该级舰服役之后，并没有参加大规模作战行动，一直停泊在港内，现已拆毁。

▲ 安德烈亚·多里亚级驱逐舰

杜兰德·泽拉·潘尼级驱逐舰

■ 简要介绍

　　杜兰德·泽拉·潘尼级驱逐舰是意大利海军的一款多功能导弹驱逐舰，旨在取代老旧的无畏级驱逐舰。

　　该级驱逐舰的研发始于 20 世纪 80 年代，原计划为改进型勇敢级，后因其他项目优先而推迟，最终于 1986 年订购，命名为阿尼莫索级，后改为潘尼级。首舰于 1993 年服役，以第二次世界大战时期的意大利海军英雄路易吉·杜兰德·泽拉·潘尼命名，体现了对历史人物的致敬。

　　杜兰德·泽拉·潘尼级驱逐舰具有强大的防空、反潜和对海作战能力，满载排水量达5400 吨，最大航速 32 节。其武器装备包括反舰导弹、防空导弹、舰炮和鱼雷发射系统等，舰载反潜直升机配置则增强了反潜能力。该级驱逐舰还采用了先进的雷达、声呐和电子战系统，提升了整体作战效能。目前，杜兰德·泽拉·潘尼级驱逐舰已成为意大利海军的重要力量，承担着保卫地中海地区海上交通线等任务。

基本参数

基本参数	
舰长	147.7 米
舰宽	16.1 米
吃水	5 米
排水量	4500 吨（标准） 5400 吨（满载）
动力	2 台通用电气 LM2500 燃气轮机 2 台格兰迪 BL 柴油机
航速	32 节
续航力	7000 海里 / 18 节
乘员	380 人

■ 性能特点

　　杜兰德·泽拉·潘尼级是意大利最先引入隐身设计思想的驱逐舰，强调了声隐身、雷达隐身、红外隐身的设计。在动力上，它采用复合燃气轮机和柴油机配置。舰载武器装备相当齐全，并延续意大利的"多炮塔至上"主义。舰首为一门"奥托·梅莱拉"127 毫米 54 倍径舰炮，舰炮后方抬高甲板上安装了 1 座"信天翁"防空导弹发射装置，装填 8 枚意大利"蝮蛇"防空导弹。

相关链接 >>

　　1992 年，意大利金质"勇气"勋章获得者、意大利国防部部长路易吉·杜兰德·泽拉·潘尼海军上将逝世。意大利海军决定改变以往的命名传统，将即将服役的"大胆"号驱逐舰以"杜兰德·泽拉·潘尼"命名。

▲ 杜兰德·泽拉·潘尼级驱逐舰

卡洛·贝尔加米尼级护卫舰

■ 简要介绍

卡洛·贝尔加米尼级护卫舰是意大利与法国合作研制的一款多用途护卫舰，属于欧洲多用途护卫舰的意大利版本。该级舰以其强大的作战能力和灵活性，成为意大利海军舰队的重要组成部分。

该级护卫舰的研发始于21世纪初，法国和意大利两国在评估了各自海军的现有装备和未来需求后，决定联合发展一款新型护卫舰，以替换各自的老旧舰艇。在研发过程中，两国分摊了研发成本，并共享了技术和设计资源。经过多轮设计和测试，最终确定了卡洛·贝尔加米尼级护卫舰的详细设计方案。

卡洛·贝尔加米尼级护卫舰自研制成功以来，已有多艘舰艇加入意大利海军服役。这些舰艇在海上巡逻、护航、反潜、防空等任务中表现出色，成为意大利海军维护海上安全和执行国际任务的重要力量。此外，该级护卫舰还出口至其他国家，如埃及等，展现了其良好的国际声誉和市场需求。

基本参数	
舰长	144.6 米
舰宽	19.7 米
吃水	8.7 米
排水量	6900 吨
动力	1 台通用电气 LM2500 燃气轮机 4 台柴油机
航速	30 节
续航力	6700 海里 / 15 节
乘员	199~201 人

■ 性能特点

卡洛·贝尔加米尼级护卫舰的动力系统为柴油电力—燃气轮机推进，由 2 具可变螺距的螺旋桨推进。它装备了"席尔瓦"垂直发射系统、1 座奥托·布雷达公司的 127 毫米舰炮和 1 座奥托·布雷达公司的 76 毫米舰炮、8 发奥图马公司的 MK-2/A 反舰 / 对地导弹、2 具 MU90 鱼雷发射器或 4 具 MU90 鱼雷发射器（反潜型）、2 座 25/80 毫米遥控武器系统。

F 595

相关链接 >>

　　2020年8月底，埃及与意大利签署价值近12亿欧元的合约，采购2艘卡洛·贝尔加米尼级多用途护卫舰，此2艘护卫舰为原定交付意大利海军的9号与10号舰。埃及海军在2020年底时收到了首艘"斯巴达克·斯凯尔盖特"号护卫舰，另一艘"埃米利奥·比安奇"号已于2021年接收。

▲ 卡洛·贝尔加米尼级护卫舰

西北风级护卫舰

■ 简要介绍

西北风级护卫舰是意大利海军在20世纪80年代研发并服役的一款多用途中型护卫舰，是基于狼级护卫舰进行升级改进而设计的，其具有出色的反潜作战能力和均衡的作战性能。该级舰在设计上突出了反潜作战的需求，搭载了先进的探测设备和武器系统，以应对复杂多变的海上威胁。

西北风级护卫舰的研发始于20世纪70年代末至80年代初，首舰于1978年3月开工建造，经过精心设计和严格测试，于1981年2月下水，并在1982年3月正式服役。该级舰共建造了8艘，后续舰艇在1983年至1985年相继服役，舷号分别为F570—F577。

西北风级护卫舰在服役期间，凭借其优异的性能和可靠性，承担了多项重要任务。作为意大利海军反潜作战的主力舰艇之一，该级舰在反潜、防空、对海作战以及海上巡逻等方面均表现出色。此外，西北风级护卫舰还参与了多次国际军事行动和海上演习，为维护地区和平与稳定做出了积极贡献。

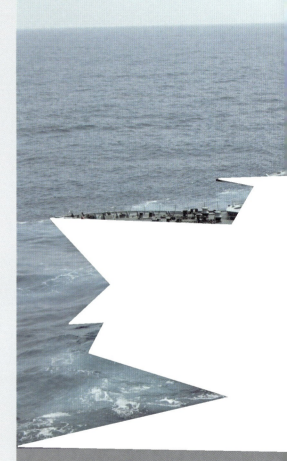

基本参数	
舰长	122.73 米
舰宽	12.9 米
吃水	4.2 米
排水量	2800 吨（标准） 3200 吨（满载）
动力	2 台通用电气 LM2500 燃气轮机 2 台 GMT BL-230-20DVM 柴油机
航速	33 节
续航力	6000 海里 / 15 节
乘员	232 人

■ 性能特点

西北风级护卫舰沿用与狼级同系列的SACDO-2/IPN-20作战系统，拥有由2台高速电脑组成的主处理系统。其雷达系统大多与狼级相似，但是声呐系统则为更先进完备的DE-1164中频声呐系统，反潜侦搜能力大幅强化。防空能力也与狼级相似，但反潜火力则较狼级强化，除了2具三联装MK-32型水面船舰鱼雷管之外，另增2具533毫米B-516重型鱼雷发射器。

相关链接 >>

20世纪70年代，为防止苏联海军黑海舰队的潜艇袭击，意大利海军需要保持一定的反潜能力。但是狼级护卫舰的反潜能力很薄弱，因此意大利海军以狼级护卫舰为基础，放大尺寸，增加变深声呐系统以及舰载反潜直升机数量，设计建造了西北风级反潜护卫舰。

▲ 西北风级护卫舰

萨乌罗级潜艇

简要介绍

萨乌罗级潜艇是意大利海军在第二次世界大战后自主研发的第二代常规动力攻击型潜艇，它采用水滴形艇体设计，具备远洋航行能力，主要执行反潜、反舰、巡逻、侦察和破坏海上交通线等任务，以其出色的隐蔽性和续航能力在意大利海军中占据重要地位。

萨乌罗级潜艇的研发始于 1967 年，由意大利芬坎特里造船公司负责设计。首艇于 1974 年 6 月在蒙法尔科恩造船厂开工建造，经过一系列测试和调试后，于 1980 年正式服役。在研发过程中，萨乌罗级潜艇经历了多次改进，共建造了 8 艘，分为原型和改进型 2 型 3 批，每批 2 艘。

萨乌罗级潜艇自服役以来，一直是意大利海军的重要力量。然而，随着时间的推移，部分潜艇已逐渐退役，目前现役的萨乌罗级潜艇数量有所减少。尽管如此，该级潜艇仍以其卓越的性能和可靠性在意大利海军中发挥着重要作用。同时，萨乌罗级潜艇也经历了多次现代化改装和升级，以适应现代海战的需求。

基本参数	
艇长	63.9 米
艇宽	6.83 米
吃水	5.7 米
排水量	1456 吨（水上） 1630 吨（潜航）
航速	12 节（水上） 19 节（潜航）
潜航深度	300 米
乘员	55 人

性能特点

萨乌罗级潜艇在设计上十分重视提高隐蔽性和降低噪声，艇体具有最佳水动力性能。潜艇艇首装备有 6 具 533 毫米鱼雷发射管，采用液压发射方式，可在最大工作深度发射鱼雷，鱼雷管内装有 6 枚鱼雷，备用 6 枚。该级艇还可装备 24 枚 VSSM600 型水雷，这种水雷采用复杂的感应引信，能识别各种水面舰艇和潜艇的声、磁和压力特性信号。

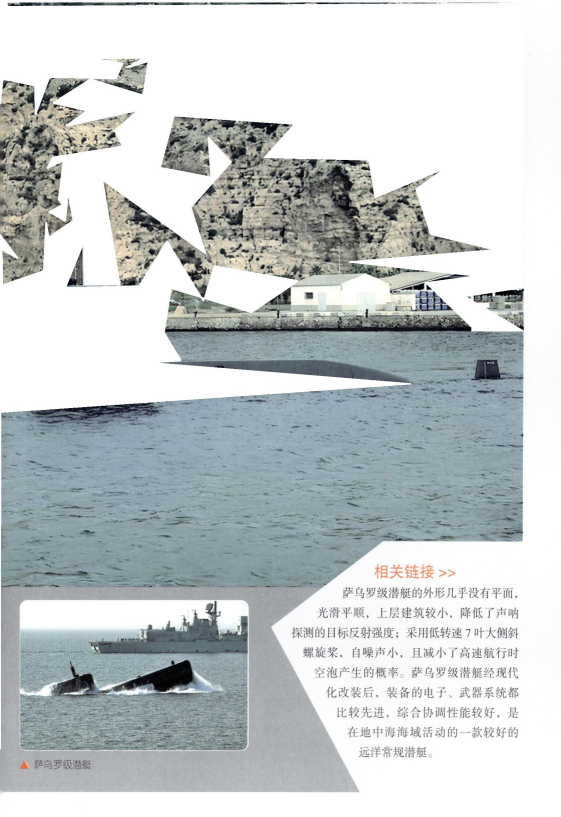

相关链接 >>

萨乌罗级潜艇的外形几乎没有平面，光滑平顺，上层建筑较小，降低了声呐探测的目标反射强度；采用低转速7叶大侧斜螺旋桨，自噪声小，且减小了高速航行时空泡产生的概率。萨乌罗级潜艇经现代化改装后，装备的电子、武器系统都比较先进，综合协调性能较好，是在地中海海域活动的一款较好的远洋常规潜艇。

▲ 萨乌罗级潜艇

托达罗级潜艇

■ 简要介绍

托达罗级潜艇也被称为 212A 型潜艇，是意大利海军隶下的一款常规动力攻击潜艇。这款潜艇由德国设计并建造，采用燃料电池的 AIP 潜艇，代表了潜艇技术的先进水平。

该型潜艇的研发融合了德国优良的造舰工艺和最尖端科技，舰体线条流畅，长宽比经过精心设计以达到最佳效果。潜艇采用瓦尔特博士发明的 AIP 动力系统，极大地提高了其在水下的续航能力，减少了上浮充电的需求，从而增强了隐蔽性。此外，潜艇还配备了先进的探测设备和武器系统，以确保其作战能力。

托达罗级潜艇共建造了 4 艘，分别于 2005 年、2006 年、2008 年和 2017 年服役于意大利海军。这些潜艇的加入，极大地增强了意大利海军的水下作战能力，为维护国家海洋权益和地区和平稳定做出了重要贡献。

基本参数	
艇长	57.2 米
艇宽	6.8 米
吃水	5.4 米
排水量	1450 吨（水上） 1830 吨（潜航）
航速	12 节（水上） 20 节（潜航）
潜航深度	大于 400 米
乘员	23~27 人

■ 性能特点

托达罗级潜艇的艇体拥有最佳的长宽比，艇体线条比德国先前设计的潜艇更加流畅。该级艇采用整合感测水下系统的 ISUS-90-20 战斗系统。除了鱼雷发射管内预先装填的 6 件武器之外，艇上还储存有 12 件备射武器。它还配备固定式火炮，其装备的穆雷纳自动火炮系统使潜艇在洋面上可以发挥一定程度的近距离压制火力作用。

▲ 托达罗级潜艇

相关链接 >>

20世纪90年代后期，德国用212A型的技术以及209型的弹性理念推出的214型潜艇，成为其潜艇工业在国际市场上的新主力。214型拥有与212A型类似的流线型艇体、同样先进精良的装备，排水量进一步增加，并使用续航力更大的燃料电池系统。然而，作为燃料电池AIP的先驱者，212A型和214型潜艇也有若干隐忧与风险，实用性仍待检验。

埃特纳级快速战斗支援舰

简要介绍

埃特纳级快速战斗支援舰是意大利海军的一款多功能支援舰艇，具有较大的排水量和强大的补给能力。它们不仅能够为舰队提供燃油、弹药、食品和其他物资，还具备进行医疗救治以及携带直升机和无人机的能力，以执行海上巡逻、侦察和搜索救援等多种任务。

埃特纳级快速战斗支援舰的研发过程结合了意大利海军的实际需求和先进舰艇设计技术。它们的设计重点在于提高补给效率、增强生存能力和多任务执行能力。

埃特纳级快速战斗支援舰自 1998 年服役以来，已经成为意大利海军不可或缺的一部分。它们执行各类海上作战和支援任务，为舰队提供了强有力的物资保障和支援服务。特别是拥有为航母编队提供补给的伴随保障能力，使得意大利海军能够更有效地执行远洋作战任务。目前，埃特纳级快速战斗支援舰仍在意大利海军中发挥着重要作用，是其远洋作战能力的重要组成部分。

基本参数	
舰长	146.6 米
舰宽	21 米
吃水	7.4 米
排水量	5980 吨（标准） 13400 吨（满载）
动力	2 台苏尔寿 12V-ZAV-40S 柴油机
航速	22 节
续航力	7600 海里 / 18 节
乘员	160 人

性能特点

埃特纳级快速战斗支援舰共设6个补给站，干、液货各半。补给装置采用标准横向补给系统，补给速度快、补给量大，通常能在 4~6 级海况下补给，工作效率高。舰上配 4 座 10 吨吊车、2 台升降机，用于从储藏室向补给站提升货物。舰上还设有 2 个垂直补给站，配 3 架直升机。舰尾设有 1 个直升机机库，可以搭载一架 NH-90 直升机。

▲ 埃特纳级快速战斗支援舰

相关链接 >>

　　快速战斗支援舰的主要使命是在海上伴随航空母舰编队行动。它们携带的补给物资品种齐全，能及时给作战舰艇补给物资。例如，航空母舰接受同等重量物资补给时，使用单一物品补给船补给时间为10~12小时，而快速战斗支援舰仅为3~4小时。另外，建造1艘快速战斗支援舰的费用比建造3艘单一物品补给船的费用可降低约30%。

AV-8B "鹞II"攻击机

■ 简要介绍

AV-8B "鹞II"攻击机是由英国宇航公司设计、美国麦道公司（现为波音公司的一部分）生产的一款舰载垂直/短距起降攻击机。该机能够执行短距离起飞和垂直降落，非常适合在航母或两栖攻击舰等有限空间内操作，提供了高度的灵活性和作战能力。

AV-8B "鹞II"攻击机的研发始于20世纪70年代，作为对早期AV-8A "鹞"式战斗机的改进型号。AV-8A的性能，特别是在载弹量方面，未能完全满足美国海军陆战队的需求。因此，麦克唐纳－道格拉斯公司和英国宇航公司合作，对AV-8A进行了全面升级，推出了AV-8B "鹞II"攻击机。新机型在减重、燃油容量、载弹能力等方面均有显著提升，特别是采用了先进的复合材料，进一步提高了飞机的性能和生存能力。

AV-8B "鹞II"攻击机于2008年入役于意大利"加富尔"号航母，成为其主力舰载机。自服役以来，展示了其卓越的多任务执行能力和战场适应性。

基本参数	
长度	14.12 米
翼展	9.25 米
高度	3.55 米
空重	6.745 吨
最大起飞重量	14000 千克（滑跃起飞） 9342 千克（垂直起飞）
发动机	1 台罗尔斯·罗伊斯"飞马"105 推力向量涡扇发动机
最大飞行速度	1199.5 千米/时
实用升限	16 千米
最大航程	2200 千米

■ 性能特点

AV-8B "鹞II"攻击机配备的典型武器包括AIM-9L "响尾蛇""魔术"或AGM-65 "幼畜"导弹，同时还有集束炸弹、"宝石路"激光制导炸弹、燃烧弹等。它安装了前视红外探测系统、夜视镜等夜间攻击设备，夜战能力很强。而改进型的AV-8B Plus换装了发动机，并装备脉冲多普勒雷达，除上述武器外，还可发射"麻雀"、AIM-120、"鱼叉"和"海鹰"等导弹。

相关链接 >>

　　1995 年 1 月中旬，"加里波第"号航空母舰从塔兰托出发前往索马里海域，3 架 AV-8B "鹞 II"攻击机随舰而行，执行了第一次海外任务。2000 年，对 AV-8B 深感满意的意大利海军从美国追购 7 架单座版，同时对已经在役的飞机实施技术升级，令其具有携带 AIM-120 先进中程空空导弹和 JDAM 联合制导攻击武器的能力。

▲ AV-8B "鹞 II"攻击机

SH-3D "海王" 多用途反潜直升机

■ 简要介绍

SH-3D "海王" 多用途反潜直升机是美国西科斯基公司研发的一款具有里程碑意义的直升机，它是一款装备涡轮轴发动机的反潜直升机，还是真正意义上的"两栖直升机"。

SH-3D "海王" 多用途反潜直升机的研发始于 20 世纪 50 年代，其原型机为 HSS-2，公司代号为 S-61。在研发过程中，西科斯基公司注重提升直升机的反潜能力，为其配备了先进的声呐设备、磁性探测器、鱼雷和深水炸弹等装备。

SH-3D "海王" 多用途反潜直升机推出后，意大利阿古斯特公司获得了生产许可证，开始生产这种舰载直升机，且于 20 世纪 60 年代开始服役于意大利海军，成为其航母编队的重要护航机，用于弥补固定翼飞机反潜的不足。

基本参数

基本参数	
长度	22.15 米
主旋翼直径	18.9 米
高度	5.23 米
空重	5.6 吨
最大起飞重量	9.525 吨
发动机	2 台 T58-GE-8B 涡轴发动机
最大飞行速度	315 千米/时
实用升限	4.48 千米
最大航程	1230 千米

■ 性能特点

SH-3D "海王" 多用途反潜直升机的设计基于船舰操作，5 个主旋翼和尾翼都可拆卸或折叠，更换两栖套件后还能降落于水面上。其武器装备非常广泛，典型的有 4 枚鱼雷、4 枚水雷或 2 枚 "海鹰" 反舰导弹，用以保护航空母舰编队；反潜装备有声呐吊舱和磁性探测器与数据链软件。该机可以反潜也能反舰，集救援、运输、通信和空中预警等多功能于一体。

▲ SH-3D"海王"多用途反潜直升机

相关链接 >>

在航空母舰上，SH-3D"海王"多用途反潜直升机常被当作护卫机使用，负责执行伴飞任务。当战斗机起降失败落水时，它可立即进行救援。除了军事用途外，它还在早期的太空任务中扮演了一定的角色。比如，1962年5月24日，"水星-宇宙神7号"执行载人太空任务时降落回到地球表面的太空舱，就是由SH-3D"海王"多用途反潜直升机负责回收的。

苏联／俄罗斯航空母舰战斗群

　　俄罗斯航空母舰的发展，可以追溯到 20 世纪初期，此时，苏联海军已经开始引进舰载机，并想开发出搭载舰载机的航空母舰。但是该计划一直未能实现。直到 20世纪 50 年代，苏联海军又掀起了一波航空母舰建造热潮。1958 年，苏联建成了自己的第一艘航空母舰"库兹涅佐夫"号，开启了苏联航空母舰发展的新历程。航空母舰在苏联军事上具有重要意义，担负着海上监视、反潜、制空和海上空袭等任务，为苏联海军提供了强有力的支持。

　　"库兹涅佐夫"号航空母舰曾与基洛夫级核动力导弹巡洋舰、光荣级巡洋舰、现代级驱逐舰、无畏级驱逐舰及风暴海燕级护卫舰一同执行海上巡逻任务。

　　2016 年 11 月，俄罗斯决定军事介入叙利亚内战，"库兹涅佐夫"号首次参与实战。当时的护航舰队包括 1 艘基洛夫级核动力导弹巡洋舰和 2 艘无畏级驱逐舰。

　　"库兹涅佐夫"号航空母舰虽不能与美国的先进航空母舰相比，但其满载排水量超过 6 万吨，配备了强大的防空和反潜武器，可搭载 18 架苏 –33 战斗机、4 架苏 –25UTG攻击机，以及卡 –27 和卡 –31 直升机。而"彼得大帝"号核动力导弹巡洋舰是北方舰队旗舰，配备了强大的反舰、防空和反潜武器。俄罗斯航空母舰战斗群的其他战舰也大都具有较强的战斗力。

"库兹涅佐夫"号航空母舰

■ 简要介绍

"库兹涅佐夫"号航空母舰是苏联 / 俄罗斯第三代 1143.5 型航空母舰，也是俄罗斯海军目前唯一在役的航母。它集苏联科技之大成，是一艘同时拥有斜直两段飞行甲板和滑跃式飞行甲板的航母。

该航母由涅瓦设计局设计，建造过程中获得了约 800 个学科的专家和 7000 多家工厂的支持。原本计划建造为排水量 9 万吨级的核动力航母，但由于资金紧缺，最终降为标准排水量 46540 吨、满载排水量 65000 吨的常规动力航母。

"库兹涅佐夫"号航空母舰于 1982 年开始建造，1985 年下水，1991 年正式服役于苏联海军，后由俄罗斯海军继承。它部署于俄罗斯北方舰队，是俄罗斯海军的主力舰艇之一。然而，该航母自服役以来问题不断，经历了多次维修和改造。目前，俄罗斯计划对其进行进一步升级，以延长其服役寿命并提升其作战能力。

基本参数	
舰长	302 米
舰宽	69 米
吃水	10.5 米
排水量	67000 吨（满载）
动力	8 座增压锅炉 4 台蒸汽轮机
航速	30 节
续航力	8500 海里 / 18 节
乘员	2100 人

■ 性能特点

"库兹涅佐夫"号航空母舰自身的防御火力超过了美国尼米兹级航母，除舰载机外，还拥有大量的武器装备。其中 SS-N-19 垂直发射反舰导弹可通过卫星接收目标信息，实施超视距打击，最大射程可达 550 千米。而其"天空哨兵"多功能相控阵雷达与美国的"宙斯盾"极为相似，具有跟踪精度高、抗干扰能力强、可靠性高等优点，能对多批次目标进行探测、识别和跟踪。

相关链接 >>

"库兹涅佐夫"号在建造中先后有过多个名称，如"苏联"号、"克里姆林宫"号、"勃列日涅夫"号和"第比利斯"号。由于政治风云变幻，该舰最后被定名为"库兹涅佐夫"号，该名称源自苏联航空母舰的积极倡导者、曾担任过18年苏联海军总司令的尼古拉·格拉西莫维奇·库兹涅佐夫。

▲ "库兹涅佐夫"号航空母舰上的舰载机

基洛夫级核动力

■ 简要介绍

基洛夫级核动力导弹巡洋舰是苏联/俄罗斯海军的 款大型核动力导弹巡洋舰，被誉为"武库舰"。该舰满载排水量超过 2.5 万吨，仅次于航空母舰，并搭载超过 400 枚导弹。

基洛夫级巡洋舰的研发始于 20 世纪 60 年代，是苏联海军为应对与美国海军的军备竞赛而研制的。其设计过程历经多次修改，最终确定了庞大的舰体和强大的武器系统。首舰"基洛夫"号于 1977 年下水，1980 年正式服役。

基洛夫级巡洋舰共建造了 4 艘，目前仍在俄罗斯海军中服役的有"彼得大帝"号和"纳西莫夫海军上将"号。这些巡洋舰不仅具有强大的火力，还具备完善的防空、反潜能力，是俄罗斯海军的重要力量。然而，随着时间的推移，这些舰艇的电子设备逐渐老旧，需要进行现代化改造。

基本参数	
舰长	250.1 米
舰宽	20 米
吃水	6.6 米
排水量	24300 吨（满载）
动力	2 座核反应堆
航速	31 节
续航力	14000 海里 / 30 节
乘员	759 人

■ 性能特点

基洛夫级核动力导弹巡洋舰的武器系统集中体现了苏联海军当时最先进的技术。其反舰导弹在世界上率先采用垂直发射系统和圆环形排列导弹方式。上甲板装有"花岗岩"远程反舰导弹系统，共有 20 枚 SS-N-19 导弹。火炮系统由火控计算机连同多波段雷达、电视和光学目标瞄准器组成。防空系统由 3 层防护网组成，SA-N-6 防空导弹为第一层，SA-N-9 防空导弹为第二层，SA-N-4 为第三层。

▲ 基洛夫级核动力导弹巡洋舰

相关链接 >>

基洛夫级核动力导弹巡洋舰是俄罗斯海军第一级也是最后一级核动力水面战舰，也是唯一一艘排水量超过2.5万吨且使用核动力的现役巡洋舰，仅次于航空母舰。同时舰上装载超过400枚导弹，几乎涵盖现今全部海上作战武器系统，因此基洛夫级巡洋舰有"武库舰"的称号。因其强大的火力及巨大的吨位，基洛夫级巡洋舰又被西方军事家划分为战列巡洋舰。

光荣级导弹巡洋舰

■ 简要介绍

    光荣级导弹巡洋舰是苏联 / 俄罗斯海军隶下的 一款导弹巡洋舰，也是冷战期间苏联专门用于对抗美国航母战斗群的专用"反航"舰艇。光荣级巡洋舰的研发起始于 20 世纪 70 年代，当时苏联为了应对美国的航母优势，决定研发一款能够执行远洋作战任务的导弹巡洋舰，以弥补自身在大型水面舰艇上的不足。1983 年，首舰下水，随后的几年间陆续建造了多艘同级舰，并相继服役于太平洋舰队和黑海舰队等主力部队。

    光荣级导弹巡洋舰满载排水量达到万吨级别，拥有强大的防空和反潜能力，其装备的远程反舰导弹系统更是让其成为当时最具威胁的海上力量之一。然而，随着科技的进步和军事战略的转变，光荣级巡洋舰逐渐退出了历史舞台，目前仍有部分在俄罗斯海军服役，但已难以适应现代战争的需求，未来可能会逐步退出现役。

基本参数	
舰长	186.4 米
舰宽	20.8 米
吃水	6.28 米（标准） 8.4 米（满载）
排水量	9300 吨（标准） 11280 吨（满载）
动力	COGOG 全燃联合 2 台巡航用燃气轮机 4 台加速用燃气轮机 2 台废气循环巡航用锅炉
航速	32.5 节
续航力	7000 海里 / 18 节 2100 海里 / 30 节
乘员	529 人

■ 性能特点

    光荣级导弹巡洋舰以先进的全燃联合动力装置作为推进系统，航速可达 32.5 节。同时，其武器和电子设备的数量要比美国同类舰多得多，仅防空、反舰导弹发射装置就达 18 座。反舰作战装备主要有 SS–N–12 "沙箱"反舰导弹、T3–31 或 T3CT–96 反潜反舰两用鱼雷等；防空作战系统主要有 SA–N–6 "雷声"导弹、SA–N–4 "壁虎"导弹及电子对抗系统等。

▲ 光荣级导弹巡洋舰

相关链接 >>

苏联在第二次世界大战后共发展了3代导弹巡洋舰：第一代为肯达级，共4艘，舰上主要装备远程对舰导弹，以反舰为主；第二代为克列斯塔级和卡拉级，共21艘，舰上装备最多的是舰空导弹和反潜武器，以防空、反潜为主；第三代为基洛夫级和光荣级，共7艘，用于为航空母舰护航和自行组建特混编队，以防空、反舰、反潜和对陆攻击为主。

无畏级驱逐舰

简要介绍

　　无畏级驱逐舰是苏联在冷战末期设计并建造的一款大型反潜专用驱逐舰，被苏联海军视为其反潜力量的中坚。该级舰的研发旨在提升苏联海军的远洋反潜作战能力，其设计汲取了西方国家的先进理念，注重整体布局和设备的集成化。

　　无畏级驱逐舰从 1980 年开始陆续服役，首舰"无畏"号于当年入役，最后一艘"潘捷列耶夫海军上将"号则于 1991 年服役。该级舰共建造了 12 艘，其中多艘至今仍在俄罗斯海军中服役，执行着重要的海上任务。

　　无畏级驱逐舰以其强大的反潜能力而著称，装备了反潜导弹、鱼雷和直升机等武器系统，能够有效地搜索和打击敌方潜艇。同时，该级舰还具备一定的防空能力，能够应对空中威胁。在设计和建造过程中，无畏级驱逐舰注重提高舰体的隐身性和生存力，采用了多种先进的材料和技术。

基本参数	
舰长	163.5 米
舰宽	19.3 米
吃水	7.79 米
排水量	6930 吨（标准） 7570 吨（满载）
动力	COGAG 燃-燃联合 2 台高速燃气轮机 2 台低速燃气轮机
航速	35 节
续航力	2400 海里 / 35 节；4500 海里 / 18 节

性能特点

　　无畏级驱逐舰以反潜为最主要的武装目标，早期舰只装备 2 座 URPK-3 四联装箱式反潜导弹发射装置，使用 85R 反潜导弹。20 世纪 80 年代新建的无畏级都换装 UPK-5 反潜反舰两用导弹系统，使用 85RU 导弹，战斗部为 UMGT-1 400 毫米鱼雷。同时，为了摧毁敌水面舰艇，改型导弹还可以配备热寻的引导头，在火箭吊舱里装备烈性炸药，作为反舰导弹使用。

▲ 无畏级驱逐舰

相关链接 >>

1983年，苏联决定在无畏级的基础上研制一款用于在高危险海区执行任务的防空军舰——无畏Ⅲ级。第一艘的价格只有无畏级的80%，后面的价格被严格控制在70%，性价比很高，可以直接对抗美国海军的饱和攻击，甚至超饱和攻击，美国直到伯克Ⅲ级才能达到无畏Ⅲ级的水平。由于苏联解体，这艘军舰虽已经完成85%却被迫停止建造。

戈尔什科夫海军

■ 简要介绍

戈尔什科夫海军元帅级护卫舰是俄罗斯海军自苏联解体后自行研制的首型主战水面舰艇，也是22350型中型防空导弹护卫舰的首舰。该级护卫舰以苏联时期的著名海军元帅戈尔什科夫命名，旨在取代老化的克里瓦克级护卫舰，并具备多任务执行能力，包括反潜、反舰、护航等。

戈尔什科夫海军元帅级护卫舰的研发始于21世纪初，由俄罗斯圣彼得堡北方造船厂负责建造。该舰整合了俄罗斯最新的装备和技术，采用了隐身化设计，并配备了先进的雷达和武器系统。其动力系统采用两轴复合燃气轮机和柴油机推进系统，具有强大的动力和可靠性。

戈尔什科夫海军元帅级护卫舰于2018年正式服役于俄罗斯海军，曾多次执行军事演习和远航任务，证明了其多任务执行能力和可靠性。随着技术的不断进步，俄罗斯还计划推出该级护卫舰的改进型号，以进一步提升其综合作战能力。

基本参数	
舰长	135 米
舰宽	16 米
排水量	4500 吨
吃水	4.5 米
动力	2 台 M90FR 燃气轮机 2 台 10D49 柴油机
航速	29 节
续航力	4000 海里 / 14 节
乘员	210 人

■ 性能特点

戈尔什科夫海军元帅级护卫舰的主桅杆安装四面固定式多功能相控阵雷达，为舰首的28单元"鲁道特"导弹垂直发射装置发射导弹提供制导；主桅杆顶端安装1具旋转式三维搜索相控阵雷达。舰首装备1门130毫米舰炮，并将反舰导弹装填于"鲁道特"后方的另一种垂直发射装置中，该装置可装填16枚"红宝石"或"布拉莫斯"反舰导弹。

相关链接 >>

2022年5月28日，俄罗斯国防部发布公告称，"戈尔什科夫海军元帅"号护卫舰从巴伦支海水域向白海的一个目标发射了一枚"锆石"高超声速巡航导弹，导弹成功击中了位于约1000千米外的海上目标。由此，"戈尔什科夫海军元帅"号护卫舰成为俄罗斯首艘使用"锆石"高超声速导弹的舰艇。

▲ 戈尔什科夫海军元帅级护卫舰

格里戈洛维奇海军上将级护卫舰

■ 简要介绍

格里戈洛维奇海军上将级护卫舰，俄称11356M型，是俄罗斯海军正在服役的一款多任务护卫舰，能够执行反水面作战、反潜作战和防空作战任务。该级舰拥有强大的武器系统，包括舰炮、防空导弹、反舰导弹和反潜火箭发射器等，能够应对多种海上威胁。

该级护卫舰的研发基于俄罗斯在塔尔瓦级护卫舰上的成功经验，进行了多项技术升级和改进。其设计注重提高舰艇的隐身性、生存能力和作战效能，采用了先进的雷达、电子战系统和武器系统。该级舰由俄罗斯北方设计局负责设计，并由多家造船厂共同建造。

格里戈洛维奇海军上将级护卫舰的首舰于2014年服役，并陆续有多艘同型舰加入俄罗斯海军。这些护卫舰在俄罗斯海军中扮演着重要角色，执行着各种海上任务，包括巡逻、护航、反潜和反舰等。随着技术的不断进步和作战需求的变化，俄罗斯还计划对该级护卫舰进行进一步升级和改进，以提升其综合作战能力。

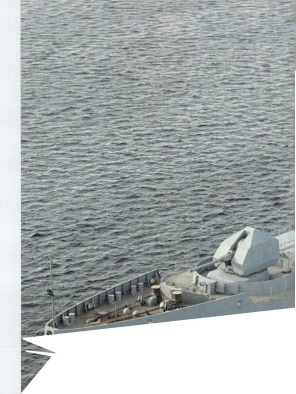

基本参数

基本参数	
舰长	124.8 米
舰宽	15.2 米
吃水	4.2 米
排水量	3620 吨（标准） 4035 吨（满载）
航速	32 节
续航力	4500 海里 / 18 节
乘员	200 人

■ 性能特点

格里戈洛维奇级护卫舰的基本设计、动力系统、电子装备与武器等都与塔尔瓦级护卫舰大致相同。该级舰采用的 9M317ME 导弹的弹翼比之原来的 9M317 缩小，尾部控制面可以折叠以节省空间；同时，弹尾设置与尾舵联动的燃气舵具备推力向量控制能力，导弹垂直升空后得以大角度转向目标，拦截高度范围为海平面上方 5 米至 15 千米。

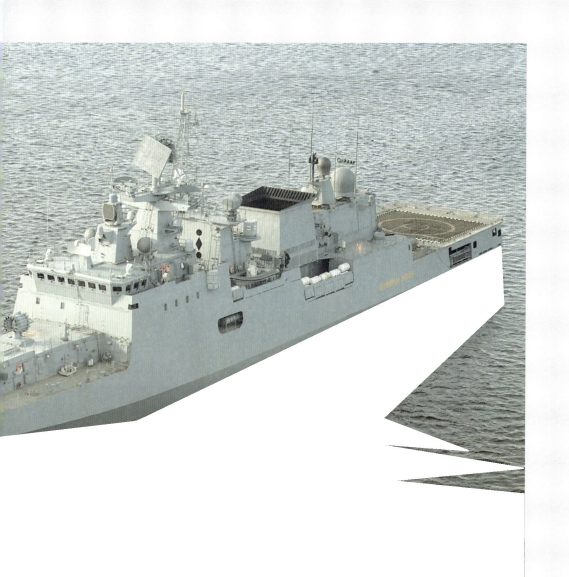

相关链接 >>

1998 年 7 月 21 日，印度与俄罗斯波罗的海造船厂签订了关于俄为其建造 3 艘改进型克里瓦克 Ⅲ 级即 11356 型护卫舰的合同，并将新建的护卫舰称为塔尔瓦尔级导弹护卫舰。2010 年 12 月 18 日，当"格里戈洛维奇海军上将"号在扬塔尔造船厂安放龙骨时，印度购买的第二批塔尔瓦级也在扬塔尔造船厂进行建造。

▲ 格里戈洛维奇海军上将级护卫舰

守护级轻型护卫舰

■ 简要介绍

　　守护级轻型护卫舰是俄罗斯海军的新一代多用途隐身护卫舰。该级护卫舰由圣彼得堡的"金刚石"中央海事设计局设计，分为基本型20380型、改进型20385型和20386型，以及出口型20382型。

　　守护级护卫舰的研发始于21世纪初，旨在提升俄罗斯海军的近海防御能力。该级舰采用了先进的隐身设计，配备了强大的武器系统和电子设备。其动力系统由4台科洛姆纳16D49柴油发动机组成，为舰艇提供了稳定而强大的动力。在武器系统方面，守护级护卫舰装备了A-190M 100毫米舰炮、防空导弹、反舰导弹和反潜鱼雷等，能够执行多种作战任务。

　　首艘守护级护卫舰于2007年成军，并陆续有多艘同型舰加入俄罗斯海军。已有一定数量的守护级护卫舰服役，并在多次军事演习和海上任务中展示了其优秀的性能和作战能力。

基本参数	
舰长	111.6 米
舰宽	14 米
吃水	3.7 米
排水量	2100 吨（标准） 3700 吨（满载）
航速	24 节
续航力	4000 海里 / 14 节

■ 性能特点

　　守护级护卫舰拥有与21世纪初期数种西方先进舰艇相似的雷达隐身外形，可有效减小雷达反射截面积，并在降低红外线信号方面有新的设计。该舰配备30~100毫米口径的火炮以及配套的雷达 / 光电射控系统，并能根据任务需求快速换装舰上的武器与装备。其作战系统为AGAT公司提供的Sigma-E系统，同时还配备TK-25-2电子接收及干扰系统和PK-10诱饵发射系统。

相关链接 >>

俄罗斯造舰业者评估，舰艇吨位在500~2000吨的中小型是21世纪初期舰艇市场上需求量最大的种类，因此各厂家也纷纷推出不同的设计。而20380型的出口版本则称为20382型"虎"护卫舰，在2005年的圣彼得堡国际海军展中首度展出。20382型的规格与20380型相当，每艘出口价格为1.2亿~1.5亿美元。

▲ 守护级轻型护卫舰

亚森级攻击型核潜艇

■ 简要介绍

亚森级攻击型核潜艇，北约代号"北德文斯克"级，是俄罗斯为适应新的作战需求而研制的新一代多用途攻击型核潜艇。它集成了苏联/俄罗斯核潜艇技术的精华，具备出色的下潜深度、静音性能、自动化程度和对岸攻击能力，被誉为"世界最先进攻击型核潜艇"之一。

亚森级攻击型核潜艇的研发始于1993年，是苏联解体后俄罗斯海军的首个攻击核潜艇项目。其设计目标在于反超美国海狼级核潜艇，并实现水下力量的优势。然而，由于经济原因，该项目的研制过程曾一度陷入停滞，直到进入21世纪后才得以重新启动。在研发过程中，俄罗斯应用了众多新的科研成果和技术手段，对潜艇的设计、建造和性能进行了全面优化和提升。

首艘亚森级攻击型核潜艇"北德文斯克"号于2010年下水，2014年正式服役。随后，俄罗斯又陆续建造了多艘该级潜艇，包括改进型的亚森-M级。目前，亚森级攻击型核潜艇已成为俄罗斯海军的重要作战力量，担负着反潜、反舰、对陆攻击等多种任务。

基本参数	
艇长	111 米
艇宽	12 米
吃水	8.4 米
排水量	13800 吨（潜航）
动力	1 座 VM / KTP-6 型压水堆 1 台主汽轮减速齿轮机组 2 台涡轮发电机
航速	28 节（潜航）
潜航深度	600 米
自持力	100 天
乘员	65 人

■ 性能特点

亚森级攻击型核潜艇装备的KTP-6型反应堆大大降低了动力装置发出的噪声，还采用了全新的有源消声技术，隐身、深潜性能大大加强。同时它加装了更先进的指挥控制系统，并改进了电子设备、现代化的生命支持系统和武器系统等设备，搭载了60枚65型鱼雷、53型鱼雷和24枚潜射巡航导弹、反舰导弹、反潜导弹等，具有很强的打击能力和高度的自动化。

相关链接 >>

截至 2017 年 8 月，亚森级攻击型核潜艇的 3 号艇"新西伯利亚"号、4 号艇"克拉斯诺亚尔斯克"号、5 号艇"阿尔汉格尔斯克"号、6 号艇"彼尔姆"号、7 号艇"乌里扬诺夫斯克"号已经全部在北方机械制造生产联合体开始建造，将逐步替换苏联时期生产的即将报废或退役的老旧核潜艇，以应对美国海军核潜艇的威胁。

▲ 亚森级攻击型核潜艇

奥斯卡级巡航导弹核潜艇

■ 简要介绍

奥斯卡级巡航导弹核潜艇，俄罗斯称949A型，是苏联／俄罗斯研制的一款核动力巡航导弹潜艇，以其强大的反舰能力和庞大的尺寸而闻名。该级潜艇装备有大量远程反舰导弹，能够对敌方航母等大型水面舰艇实施毁灭性打击，是俄罗斯海军反航空母舰的核心力量。

奥斯卡级巡航导弹核潜艇的研发始于20世纪60年代末，由苏联"红宝石"设计局负责设计。首艇于1978年开工建造，1980年下水，1982年服役。该级潜艇是在前几级巡航导弹核潜艇基础上改进而来的，其设计充分考虑了北极冰下航行的需求，并采用了双核动力装置等先进技术，以确保其具备强大的作战能力和生存能力。

自1982年首艇服役以来，奥斯卡级巡航导弹核潜艇一直是俄罗斯海军的重要作战力量。该级潜艇已建造多艘，其中部分舰艇仍在服役中，并接受了现代化改造以提升其作战能力。

基本参数	
艇长	155 米
艇宽	18.2 米
吃水	9.7 米
排水量	16000 吨（潜航）
动力	2 座 VM-5 型压水堆 2 台蒸汽轮机 2 台汽轮发电机
航速	23 节（潜航）
潜航深度	400 米
自持力	120~140 天
乘员	130 人

■ 性能特点

奥斯卡级巡航导弹核潜艇采用特殊的双层壳体结构，至少需要3枚MK-46鱼雷才能击穿，同时这种结构也有利于潜艇在北极冰下活动。根据作战需要，该级潜艇装备了较多的武器以提高攻防能力，可搭载24枚导弹。其对近距离目标主要以53型或65型鱼雷实施攻击，对远距离目标主要以3K-45"花岗岩"反舰导弹实施攻击；反潜武器为RPK-2"暴风雪"反潜导弹。

奥斯卡级巡航导弹核潜艇的导弹发射口

相关链接 >>

奥斯卡级巡航导弹核潜艇全部使用苏联/俄罗斯的城市名来命名。最新一艘K-530"别尔哥罗德"号于1992年开始建造，1994年停工，2000年"库尔斯克"号失事后又得以恢复。2009年6月26日，俄罗斯海军总司令再次宣布冻结"别尔哥罗德"号潜艇的建造项目。但2012年12月，俄罗斯海军又继续建造"别尔哥罗德"号。2022年7月，"别尔哥罗德"号正式服役。

阿库拉级攻击型核潜艇

■ 简要介绍

阿库拉级攻击型核潜艇，苏联型号为 971 型，是苏联 / 俄罗斯研制生产使用的第三代攻击型核潜艇，也是目前俄罗斯海军的主力攻击型核潜艇之一。该级潜艇以其航速高、机动性好、反潜、反舰、对陆攻击、低噪声和大潜深等特点著称，是俄罗斯海军攻击型核潜艇部队的重要组成部分。

阿库拉级攻击型核潜艇的研发始于 20 世纪 70 年代末至 80 年代初，是苏联为了应对美国海军日益增强的水下作战力量而研制的。该级潜艇由苏联"孔雀石"设计局（现俄罗斯"孔雀石"中央设计局）负责设计，以之前的 671 型攻击核潜艇为基础进行改进和创新。设计过程中，苏联海军提出了一系列严格要求，包括大下潜深度、高水下航速、良好的隐蔽性以及反舰、反潜和攻击敌方岸上目标的能力。经过长时间的研发和测试，阿库拉级攻击型核潜艇于 1983 年开始建造，并于 1985 年正式服役。

基本参数	
艇长	110.3 米
艇宽	13.5 米
吃水	9.7 米
排水量	9100 吨（潜航）
动力	1 座 VM–5 型压水堆 1 台蒸汽轮机
航速	33 节（潜航）
潜航深度	450 米
自持力	90 天
乘员	72 人

阿库拉级攻击型核潜艇采用了改进型压水堆以及多年积累下来的先进静音技术，因此水下噪声更低，有较强的隐身性能；而且航速较高，水下机动性好。其艇体的耐压结构和材料可以使其潜深至 600 米，更大大增强了隐蔽效果。同时由于它有较大的排水量，舱室容积扩大，可以携带数量更多、用途更广、威力更大的武器以及电子设备。

相关链接 >>

苏联的核潜艇种类多、级别多、数量多、名字更多。而971型攻击核潜艇的译名也有很多，最常见的有阿库拉级或AKI级。实际上按照苏联/俄罗斯海军公布的名称，971型潜艇应为梭鱼级（梭鱼是一种体形如梭、灵巧速动的海生鱼类）；而其改进型称为梭鱼−B级。

▲ 阿库拉级攻击型核潜艇

"尼古拉·奇克尔"

■ 简要介绍

　　"尼古拉·奇克尔"号远洋救援拖轮是苏联/俄罗斯海军的一艘重要装备，专门用于执行远洋搜救、拖曳等任务。该拖轮由苏联与芬兰合作研发，具体由芬兰劳马市霍尔明造船厂建造。

　　该拖轮于1987年开始建造，1989年正式服役，它具备强大的远洋航行和拖曳能力，搭载了潜水系统、远距消防喷射管等先进设备，并配备了一架直升机，以支持24小时海上作业需求。

　　在服役期间，"尼古拉·奇克尔"号不仅执行了多次远洋搜救任务，还在关键时刻发挥了重要作用，展示了其卓越的拖曳和救援能力。此外，该拖轮还积极参与国际交流与合作，如访问古巴、委内瑞拉等国家，增进了与这些国家的军事联系和友谊。

基本参数	
舰长	97.6 米
舰宽	19.4 米
吃水	7.2 米
排水量	5289 吨（标准） 7542 吨（满载）
航速	18 节

■ 性能特点

　　"尼古拉·奇克尔"号远洋救援拖轮功率达到17993千瓦。该船配备了包括拖钩、拖柱、卷缆绞车等在内的专业拖拉设备，使其能够在恶劣的海洋条件下执行救援任务。此外，它还具有良好的平稳性和较强的抗风能力，具备多功能的救助手段。

▲ "尼古拉·奇克尔"号远洋救援拖轮

相关链接 >>

　　"尼古拉·奇克尔"号远洋救援拖轮在服役期间，多数时间都陪伴在"瓦良格"号的姊妹舰"库兹涅佐夫"号身边。2012年"库兹涅佐夫"号航空母舰在法国附近的比斯开湾遭遇发动机故障，"尼古拉·奇克尔"号顶着狂风巨浪死死"拽"住几近失控的"库兹涅佐夫"号，使其免于失控，耗时数小时最终成功救下了该航母。

"帕申院士"号综合补给舰

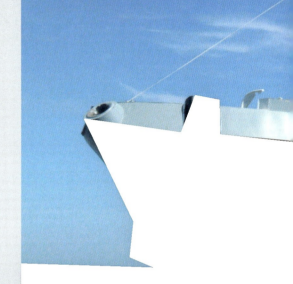

■ 简要介绍

"帕申院士"号综合补给舰是俄罗斯海军的一艘中型油料补给舰，专为海上编队提供综合补给支持。该舰由俄罗斯自主设计并建造，是冷战后俄罗斯海军迎来的首艘现代化综合补给舰。

该舰的研发始于2014年，经过2年1个月的建造工作，于2016年5月26日下水。在研发过程中，俄罗斯特别注重提升舰船的自动化程度和续航能力，使其能够在高纬度海域和远海环境中有效执行任务。

2021年1月21日，"帕申院士"号正式交付俄罗斯北方舰队，开始服役。服役后，"帕申院士"号凭借其强大的补给能力和高度自动化，在俄罗斯海军的多次远洋行动中发挥了重要作用。它不仅提升了俄罗斯海军的远洋作战能力，还展示了俄罗斯在舰船设计和建造领域的实力。同时，该舰还具备破冰能力，进一步增强了其在高纬度海域的适应性。

基本参数

基本参数	
舰长	130 米
舰宽	21 米
吃水	7 米
排水量	5000 吨（标准） 14000 吨（满载）
航速	16 节
续航力	8000 海里
乘员	24 人

■ 性能特点

"帕申院士"号综合补给舰可装载3000吨船用燃料油、2500吨柴油、500吨航空煤油、150吨润滑油、1000吨淡水、100吨食物、100吨其他货物如设备和备品等。该舰可同时向左右2艘舰船进行液货补给，同时设有直升机起降平台供舰载直升机进行垂直运输干货补给。此外，它还具备4级破冰能力。

相关链接 >>

原本按照合同规定，"帕申院士"号综合补给舰应于 2015 年 7 月下水，2016 年 10 月前结束工厂测试和国家测试，2016 年 11 月 25 日交付俄国防部，但其建造速度却严重拖后。

▲ "帕申院士"号综合补给舰

苏-33 舰载战斗机

■ 简要介绍

苏-33 舰载战斗机是苏联 / 俄罗斯海军的一款单座双发重型舰载战斗机，属于第四代战斗机改进型，即第四代半战斗机。

苏-33 的研发历程可以追溯到苏联时期，早在赫鲁晓夫时代，苏联就开始谋求航母作战能力，但直到库兹涅夫级航母的研制，才真正实现了常规起降的固定翼舰载战斗机装备。苏-33 原名苏-27K，于 20 世纪 70 年代开始研制，设计过程中考虑了舰载的特点，如加长了起落架的支架、安装了拦阻钩，并实现了机翼折叠，以适应航母上的停放和起降需求。

经过多年的试验和改进，苏-33 战斗机成功完成了从滑跃甲板起飞和拦阻着舰的验证，1993 年开始服役，从此一直是俄罗斯海军"库兹涅夫"号航空母舰上的主力型号，为俄罗斯海军航母编队提供了强大的防空和攻击能力。该机具有良好的亚声速性能和低空机动性能，机身短粗且结构坚固，生存能力强，可挂载多种武器执行多种任务。

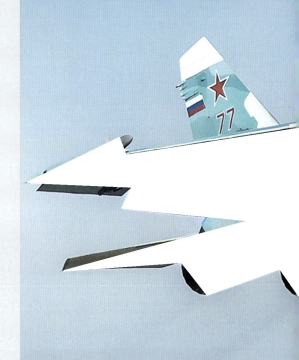

基本参数	
长度	21.93 米
翼展	14.7 米
高度	5.93 米
空重	18.4 吨
最大起飞重量	33 吨
发动机	2 台土星科研生产联合体 AL-31F3 轮扇发动机
最大飞行速度	2658 千米/时
实用升限	18 千米
最大航程	3000 千米

■ 性能特点

苏-33 舰载战斗机采用苏-27K 的折叠机翼，并新设计了增升装置、起落装置和着舰拦阻钩等系统，使得飞机在保持优良的作战使用性能条件下满足着舰要求。其雷达采用了 N001 雷达的改进型，提高了对水面目标的探测能力。在对空作战中，它可以使用中程空空导弹进行拦截作战或使用近程空空导弹进行空中格斗；在对海上目标作战时，它可以使用 Kh-41 导弹进行攻击。

相关链接 >>

苏－33作为世界现役较大的舰载
战斗机，其数量却在不断减少，截至
2024年，苏－33舰载机仅剩下10架左右。
由于现阶段俄罗斯在舰载机方面面临着合
适机种短缺的状况，按照俄罗斯海军自
己的计划，准备为"库兹涅佐夫"号
航母装备米格－29K舰载战斗机。

▲ 苏-33舰载战斗机

苏-25UTG/UBP 攻击机

■ 简要介绍

苏-25UTG/UBP 攻击机是苏联/俄罗斯在苏-25 基础上研发的一种特殊型号,特别设计用于航母舰载训练与作战。它不仅保留了苏-25 的基本作战能力,还增强了舰载操作的相关功能。

苏-25UTG/UBP 的研发是在苏-25 系列攻击机成功研制并广泛服役的基础上进行的。为了满足海军航母编队对舰载教练机和作战飞机的需求,苏联/俄罗斯设计师对苏-25 进行了有针对性的改进。改进内容包括但不限于增强起降性能、优化舰载操作界面、增加必要的舰载设备等,以确保该型号能够安全、有效地在航母上起降并执行作战任务。

苏-25UTG/UBP 在研发成功后,被部署于苏联/俄罗斯海军的航母编队中,主要承担舰载教练和作战任务。它对于提升海军航母编队的作战能力和训练水平具有重要意义。

基本参数

基本参数	
长度	14.36 米
翼展	14 米
高度	4.8 米
空重	9.5 吨
最大起飞重量	17.6 吨
发动机	2 台图曼斯基 R-195 涡喷发动机
最大飞行速度	975 千米/时
实用升限	7 千米
最大航程	3000 千米

■ 性能特点

苏-25UTG/UBP 攻击机为串列双座教练型,装有全套导航攻击系统用于武器训练,机高增加到 4.8 米,换装了新型的敌我识别器。武器部分包括 57 毫米和 80 毫米无控火箭,500 千克燃烧弹,化学集束炸弹,AS-7、AS-10、AS-14 等各型空地导弹,"旋风"反坦克导弹。由于增加了 1 个座舱,去掉了后视镜并增大了前风挡面积,为了保持稳定性,该战机增大了垂尾。

▲ 苏 -25UTG/UBP 攻击机

相关链接 >>

苏 -25UTG/UBP 攻击机的研制商为苏霍伊设计局，于 1939 年组建，以设计战斗机、客机、轰炸机闻名于世，首任总设计师为帕维尔·奥西波维奇·苏霍伊。该局研制成功的著名机种有截击机苏 -9、苏 -15；歼击轰炸机苏 -7、苏 -17、苏 -24、苏 -34；攻击机苏 -25；战斗机苏 -27、苏 -30、苏 -33、苏 -35、苏 -37 等。

卡-27 "蜗牛"反潜直升机

■ 简要介绍

　　卡-27 "蜗牛"反潜直升机是由苏联卡莫夫设计局研制的一款共轴反转双旋翼直升机,也是一款双发动机多用途军用直升机,具有强大的反潜能力,可执行反潜、海上巡逻与侦察等任务。

　　卡-27 "蜗牛"反潜直升机是为了取代已相对落后的卡-25 单发共轴双旋翼反潜直升机而研制的,设计工作始于 1969 年,原型机于 1974 年 12 月首飞,20 世纪 80 年代初研制成功并投入生产。其设计充分利用了卡莫夫设计局在共轴反转双旋翼直升机领域的深厚技术积累。

　　卡-27 "蜗牛"反潜直升机于 1982 年开始进入苏军服役,分别装载在导弹驱逐舰、核动力导弹巡洋舰以及航空母舰/巡洋舰上。此外,印度、越南、韩国等国也装备了卡-27 "蜗牛"反潜直升机或其衍生型号。在执行反潜任务时,卡-27 "蜗牛"反潜直升机能够携带鱼雷、深水炸弹等武器,有效应对敌方潜艇的威胁。同时,在搜索与救援等民用领域也表现活跃。

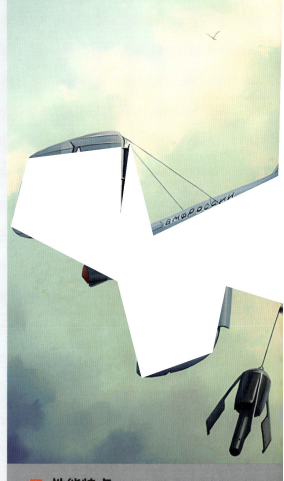

基本参数	
机长	11.3 米
机高	5.4 米
旋翼直径	15.9 米
正常起飞重量	12.6 吨
发动机	2 台克里莫夫 TV3-117V 涡轴发动机
最大飞行速度	250 千米/时
实用升限	6 千米
最大航程	800 千米

■ 性能特点

　　卡-27 "蜗牛"反潜直升机最大的特点是卡莫夫设计局拿手的共轴反转双旋翼设计,它不带尾部旋翼,极大提升了直升机结构的紧凑性。机上装有 360 度搜索雷达、多普勒雷达、深水声呐浮标、磁异常探测器、红外干扰仪和干扰物投放器等。主要武器包括 1 枚 406 毫米口径的自导鱼雷、1 枚火箭弹、10 枚深水炸弹。

相关链接 >>

卡-27"蜗牛"反潜直升机作为苏联/俄罗斯海军新一代舰载直升机,在执行反潜任务时可以携带鱼雷和深水炸弹以及声呐用于对付敌方的潜艇,但是它携带的鱼雷对于水面舰艇也具有相当的威胁。此外,卡-27"蜗牛"反潜直升机的零件数量要比传统设计的直升机少1/4,而且部分零部件可以与俄罗斯陆基直升机通用,所以在实用性和多用途能力上有较大优势。

 卡-27"蜗牛"反潜直升机

卡-31 "螺旋" 预警直升机

■ 简要介绍

卡–31 "螺旋" 预警直升机是苏联 / 俄罗斯卡莫夫设计局研制的一款装备有先进雷达系统的多用途舰载预警直升机。其设计初衷是提升苏联 / 俄罗斯海军的空中预警能力，增强对海上及空中目标的探测与跟踪能力。

随着冷战的深入，苏联海军意识到需要一种能够迅速响应并有效探测空中及海上威胁的预警平台，因此，卡莫夫设计局在卡–29 "螺旋" 舰载武装直升机的基础上，开始了预警直升机的研发工作。该研发工作始于 20 世纪 80 年代中期，1987 年首架原型机成功首飞。在随后的研发过程中，卡莫夫设计局对直升机进行了多次改进和优化，最终于 1995 年正式定型为卡–31 并投入生产。

卡–31 "螺旋" 预警直升机自 1995 年开始在俄罗斯海军中服役，并迅速成为其航母编队的重要组成部分。除了俄罗斯海军外，卡–31 "螺旋" 预警直升机还出口至印度等国家，成为这些国家海军的重要装备之一。在印度海军中，卡–31 "螺旋" 预警直升机被部署在航母上，执行空中预警和海上巡逻任务。

基本参数	
长度	11.6 米
旋翼直径	15.9 米
高度	5.5 米
最大起飞重量	12.5 吨
发动机	2 台克里莫夫改进型 TV3—117VMAR 涡轴发动机
最大飞行速度	250 千米 / 时
实用升限	5000 米
最大航程	680 千米

■ 性能特点

卡–31 "螺旋" 预警直升机……E801M "眼睛"型空中和海上……雷达，……板雷达天线，天线……10 秒内可旋转 360 度……线进行 90 度折叠平贴在……再 90 度翻转展开工作。它可……主要用于探测 3200 米至 4570 米……标，更高高度的目……由舰载雷达探测。

▲ 卡-31"螺旋"预警直升机

相关链接 >>

卡-31"螺旋"预警直升机的机载雷达可同时发现200个战斗机类目标，并跟踪其中的20个，1小时内巡逻范围25万平方千米。该机对战斗机、直升机、巡航导弹的预警距离为120千米，对小型舰艇的预警距离为250千米以上，对大型目标的预警距离为300千米以上。虽然起降条件灵活，适用性较强，但由于飞行距离近，它的探测能力远不及固定翼飞机。

卡-52K "短吻鳄"舰载武装直升机

■ 简要介绍

卡-52K "短吻鳄"舰载武装直升机是苏联/俄罗斯卡莫夫设计局（现俄罗斯直升机公司）研发的一款重要武装直升机，是在卡-50 "黑鲨"武装直升机的基础上改进而来的，旨在克服卡-50单座布局在复杂作战任务中的局限性。该直升机自20世纪80年代开始研制，经过多次测试和改进，最终在1997年6月25日成功首飞。

卡-52K "短吻鳄"舰载武装直升机于2011年11月正式服役于俄罗斯军队，成为其主力武装直升机之一。在服役期间，曾参与了多次军事行动和演习，展现了其强大的对地攻击、反坦克和侦察能力。其先进的航电系统和武器系统使得卡-52K "短吻鳄"舰载武装直升机在战场上具有极高的作战效能。

除了俄罗斯自用外，卡-52K "短吻鳄"舰载武装直升机还出口到了埃及、阿尔及利亚、伊拉克等国家，成为俄罗斯武器装备的重要出口产品之一。其优异的性能和国际市场的认可进一步证明了俄罗斯在武装直升机领域的领先地位。

基本参数	
长度	13.5 米
旋翼直径	14.5 米
高度	4.9 米
最大起飞重量	10.4 吨
发动机	2 台克里莫夫改进型 TV3-117VM 涡轴发动机
最大飞行速度	300 千米/时
实用升限	5.5 千米
最大航程	1160 千米

■ 性能特点

卡-52K "短吻鳄"舰载武装直升机翼下4个挂架可挂4个 B-8 火箭发射巢，最多80枚 S-8 型火箭，或最多12枚 AT-12 激光制导空面导弹。机身右侧装单管30毫米 2A42 机炮，备弹量280发。该机的抗弹伤能力强，即使被12.7毫米的枪弹击伤，也能正常飞行。双旋翼直升机布局缩小了直升机的外廓尺寸，使机体结构更为紧凑。由于它没有尾桨，提高了贴地飞行时的安全性。

相关链接 >>

卡 -52K "短吻鳄" 舰载武装直升机是专门用于直升机航空母舰/两栖攻击舰的版本。2001 年秋，在巴伦支海进行了试验，其间卡 -52K "短吻鳄" 舰载武装直升机成功在大型航空母舰上完成着舰。原本俄罗斯军方计划让该直升机成为从法国采购的西北风级两栖攻击舰的主要打击力量，但由于西欧针对俄罗斯发起经济制裁，最终采购谈判流产。2014 年，俄罗斯军方与卡莫夫设计局签订了生产 32 架卡 -52K "短吻鳄" 舰载武装直升机舰载型的合同。

▲ 卡 -52K "短吻鳄" 舰载武装直升机

S-300PMU 防空导弹

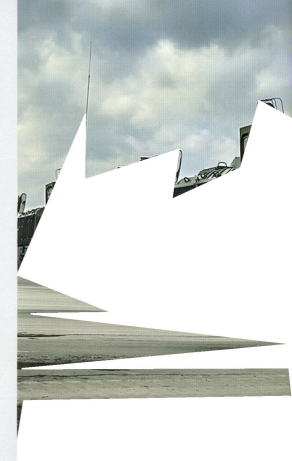

■ 简要介绍

S-300PMU 防空导弹是苏联 / 俄罗斯在 S-300系列基础上研发的全面改进型防空导弹系统，具备高度的先进性和多用途性，以其强大的多目标攻击能力、系统机动性和抗干扰能力而闻名，是俄罗斯乃至全球防空领域的重要装备。

S-300PMU 防空导弹的研发始于苏联时期，由"金刚石"中央设计局和安泰设计局共同承担。该系统在 S-300P 型的基础上进行了全面改进，采用了更先进的导弹型号、雷达系统和指挥控制系统，显著提升了作战性能和可靠性。

经过多年的研发和试验，S-300PMU 防空导弹系统于 20 世纪 90 年代后期正式服役，并迅速在全球范围内广泛部署，包括俄罗斯本土、苏联各加盟共和国以及部分友好国家。该系统在多次国际军事演习和实战中表现出色，有效拦截了各类空中威胁，确保了国土安全和军事胜利。此外，S-300PMU 防空导弹系统还具备高度的可扩展性和兼容性，能够与其他防空系统形成联合作战网络，进一步提升整体防空能力。

基本参数（5V55U）	
弹重	1470 千克
弹长	7.2 米
弹径	0.45 米
战斗部重	133 千克
速度	7200 千米 / 时
射程	400 千米

■ 性能特点

S-300P 的原型是半机动型，S-300PM 及之后的型号全为机动型。P 型以拦截低空喷气式进攻性空袭兵器为主，S-300PMU1 / PMU2 具有反导作战能力。尤其是 S-300PMU2，它由指挥中心、目标搜索雷达、制导站、48N6E2 导弹及四联装发射车等部分组成，能同时拦截 6 个目标，具有全天候全空域作战能力。

相关链接 >>

S-300PMU 防空导弹系统中的 48N6E2 导弹采用惯性制导和主动雷达末端制导，通过破片杀伤战斗部，最大拦截距离 120 千米，最大拦截高度 30 千米。该导弹既能在某一距离引爆来袭导弹的弹头，又能引爆导弹燃料箱内的剩余燃料。因此，即使该导弹本身的爆炸碎片没有直接击中目标，也能摧毁目标。

▲ S-300PMU 防空导弹舰载版

"鲁道特"防空导弹系统

■ 简要介绍

"鲁道特"防空导弹系统也称为"堡垒"或"多面堡",是俄罗斯基于S-400陆基防空系统衍生出的海基舰对空导弹系统。它整合了近、中、远程防空导弹的海基舰对空导弹系统,通过统一的射控系统、战控显示台和垂直发射器,实现了多种导弹的共用,极大地提升了舰艇的防空能力。

"鲁道特"防空导弹系统的研发是基于S-400的成功经验和技术积累,在设计上进行了多项创新,如采用统一的射控系统和垂直发射器,以及兼容多种类型的防空导弹等。这些创新使得"鲁道特"防空导弹系统能够更加灵活地应对不同的空中威胁,提高了舰艇的作战效能。

"鲁道特"防空导弹系统自研发成功以来,已经在俄罗斯海军的部分舰艇上服役,成为俄罗斯海军防空体系中的重要组成部分,其先进的技术和强大的作战能力为俄罗斯海军的舰艇提供了坚实的防空保障。

基本参数（9M96E2）	
弹重	420 千克
弹长	4.75 米
弹径	0.24 米
战斗部重	24 千克
速度	7200 千米 / 时
射程	120 千米

■ 性能特点

"鲁道特"防空导弹系统的垂直发射单元可以混合装填48N6系列远程防空导弹、9M96系列中程防空导弹,以及9M100系列近程防空导弹。48N6系列导弹使用惯性指令+TVM终端诱导,可兼容最新型的48N6DM,射程达250千米,具有迎击中程弹道导弹的能力。9M96系列导弹包括射程40千米的9M96E以及射程达120千米的加长型9M96E2。

相关链接 >>

"鲁道特"防空导弹系统的搭载舰主要有 12441U 型护卫舰、20380 型护卫舰、22350 型护卫舰；另外还有 11441 型基洛夫级巡洋舰，其 3 号舰"纳希莫夫海军上将"号于 2013 年 6 月 13 日签署改装合约，在北德文斯克入坞移除了所有 P-700 与 S-300 导弹，改装配备了 Poliment 雷达与"鲁道特"防空导弹系统，并于 2018 年恢复了现役。

▲ "鲁道特"防空导弹系统远、中、近程 3 种导弹

3M-54 "俱乐部" 系列巡航导弹

■ 简要介绍

3M-54 "俱乐部" 系列巡航导弹也被称为 "口径" 巡航导弹，北约代号 SS-N-27，是苏联 / 俄罗斯研发的一款通用型巡航导弹，这款导弹采用亚声速和亚超声速结合的弹道设计，具备高精度、大威力和强突防能力。还可根据搭载平台的不同，分为潜射型、舰载型、岸基型和空射型等多种型号，以满足不同作战需求。

该导弹的研发始于苏联时期，旨在提升苏联海军的远程精确打击能力。在苏联解体后，俄罗斯继续推进该项目的研发，并在技术上进行了一系列创新和改进。经过多年的努力，3M-54 "俱乐部" 系列巡航导弹于 1993 年定型。

3M-54 "俱乐部" 系列巡航导弹自服役以来，已广泛装备于俄罗斯海军的各类舰艇和潜艇上，成为俄罗斯海上力量的重要组成部分。"俱乐部" 系列巡航导弹按搭载平台分为多个型号，主要包括：潜射型 "口径 -PL"、舰载型 "口径 -NK"、岸基型 "口径 -M"、空射型 "口径 -A"，而空射型又包括多种型号，如 3M-54AE1 反舰导弹和 3M-14AE 对陆攻击导弹等。

基本参数

基本参数	
弹重	2.3 吨
弹长	8.22 米
弹径	0.533 米
速度	3265 千米 / 时
巡航高度	1 千米
发射方式	海基舰射 / 潜射
射程	300 千米

■ 性能特点

3M-14AE 对陆攻击导弹射程 300 千米，战斗部重 450 千克，能有效对付固定目标设施。3M-54AE1 在设计上与前者相似，但经过了优化，能在水面上方 5 至 10 米范围内对舰船进行攻击。它能够设计出多达 15 种飞行路线用于攻击敌方目标。体积更大、设计更为复杂的 3M-54AE 导弹采用独特的两级设计，射程达 300 千米，战斗部重 200 千克，能在飞行末段下降并加速到超声速攻击目标。

▲ 3M-54 "俱乐部" 系列巡航导弹

相关链接 >>

2002 年 7 月中旬，印度海军参谋长库马尔上将访问俄罗斯，从圣彼得堡造船厂接收了第 10 艘基洛级潜艇，该艇就配备了从鱼雷管发射的 3M-54 "俱乐部" 反舰巡航导弹。印度海军一位资深军官透露，印度海军将为 10 艘基洛级潜艇购置 300 枚这种导弹。2002 年 5 月，5 号艇 "辛杜拉特纳" 号已返抵俄船厂改装 9M-45E1 反舰导弹和 91RE1 反潜导弹（均属 "俱乐部" 导弹系列）。

P-800"缟玛瑙"超声速反舰导弹

■ 简要介绍

P-800"缟玛瑙"超声速反舰导弹，北约代号 SS-N-26，是苏联 / 俄罗斯切洛梅设计局研制的先进反舰导弹系统，以其高速、远射程和强大的战斗部而闻名，是俄罗斯海军的重要武器之一。

该导弹的研发始于 1983 年，旨在取代早期的 P-270"蚊子"导弹和 P-700"花岗岩"导弹，提升苏联 / 俄罗斯海军的反舰作战能力。经过多年的技术攻关和试验验证，P-800"缟玛瑙"超声速反舰导弹于 2002 年正式服役，成为俄罗斯海军的主力反舰导弹之一。

自服役以来，P-800"缟玛瑙"超声速反舰导弹在俄罗斯海军中发挥了重要作用，不仅装备在舰艇和潜艇上，还用于岸防系统。该导弹在多次军事演习和实战中表现出色，成功击毁了多个目标，展示了其强大的作战效能。此外，P-800"缟玛瑙"超声速反舰导弹还成功外销至印度等国家，并与印度共同研发了衍生型号，进一步扩大了其国际影响力。

基本参数

基本参数	
弹重	3 吨
弹长	8.9 米
弹径	0.7 米
速度	3060 千米 / 时
发射方式	海基舰射 / 潜射 / 空射
射程	300 千米

■ 性能特点

P-800"缟玛瑙"超声速反舰导弹采用复合导航系统：巡航段为惯性导航，末段为有源雷达制导。因而它具有超强的攻击能力，可在较强的火力攻击和复杂的电子干扰条件下，对敌水面舰艇编队或单个水面舰艇目标实施单发或齐射攻击。依据发射弹道不同，该导弹的射程分别为 120 千米和 300 千米。

相关链接 >>

P-800 "缟玛瑙" 超声速反舰导弹系统与苏联/俄罗斯制造的前几代反舰导弹相比,最大的特点在于它的通用性:既可以配置在潜艇、水面舰艇和快艇上,也可挂载到飞机上,还可由岸基发射装置发射。此外,该导弹还具有射程超地平线、全自主战斗、可采用灵活的弹道进行巡航、在飞行的所有阶段都保持超声速等突出特点。

▲ P-800 "缟玛瑙" 超声速反舰导弹

印度航空母舰战斗群

印度从建国开始到现在，先后有过 4 艘航空母舰，第一艘叫"维克兰特"号，前身是英国在第二次世界大战时建造的，后来英国没有继续建造，只有一个空船。印度把基本完工的空船壳买了回来继续建造，1961 年建成服役。

第二艘航空母舰叫"维拉特"号，它的前身也是英国的，1944 年开始建造，一直到 1953 年才建成下水，1959 年在英国皇家海军服役，1985 年除役。1986 年被印度海军购得，于 2017 年从印度海军退役。

第三艘叫"维克拉玛蒂亚"号，前身是苏联在 1988 年建成完成改装的基辅级 4 号舰"戈尔什科夫海军元帅"号，从 2004 年开始改装，一直拖延到 2013 年才完成改装服役。

第四艘也叫"维克兰特"号，和第一艘名字相同，这是印度第一艘国产航空母舰。

目前，印度正计划建造另一艘同级舰，目标是在 2035 年拥有 3 个航空母舰战斗群。

"维克兰特"号航空母舰战斗群还包括加尔各答级驱逐舰、什瓦里克级护卫舰、塔尔瓦级护卫舰、格莫尔达级护卫舰及第二代迪帕克级油弹补给舰。舰上的载机包括米格 –29K 战斗机、卡 –27 直升机、卡 –31 直升机和印度国产的"北极星"直升机。

2020 年 1 月 11 日，印度国产的舰载版"光辉"战斗机首次在"维克拉玛蒂亚"号上着陆，翌日由此舰起飞。预计到 2026 年，"光辉"战斗机将取代现有的米格 –29K 战斗机。

"维克拉玛蒂亚"号航空母舰

■ 简要介绍

　　"维克拉玛蒂亚"号航空母舰意译为"超日王"号，是印度海军的一艘中型常规动力航母，具备搭载多种舰载机的能力，是印度海军远洋作战力量的重要组成部分。

　　"维克拉玛蒂亚"号的研发过程，实际上是对其前身俄罗斯海军的基辅级航母"戈尔什科夫海军元帅"号的全面现代化改造升级。该舰原为苏联海军的基辅级航母，于1978年12月开工建造，1982年4月17日下水，1987年12月服役。1994年，该舰发生锅炉爆炸事故后停役，并于1996年被预订出售给印度。印度接手后，对航母进行了大规模的现代化改装，包括拆除前部甲板上的重型反舰导弹发射筒、加装滑跃甲板、扩大飞行甲板面积等，以适应米格 –29K 战斗机的上舰需求。

　　经过长时间的改装和测试，"维克拉玛蒂亚"号航空母舰于2013年11月16日正式交付给印度海军服役，成为印度海军远洋作战力量的重要组成部分。

基本参数	
舰长	274 米
舰宽	53 米
吃水	10.2 米
排水量	45400 吨
动力	4 台蒸汽轮机
航速	30 节
乘员	1600 人

■ 性能特点

　　"维克拉玛蒂亚"号航空母舰是一款搭载垂直／短距起降战斗机的航母，除了众多的雷达预警系统外，还能装载 12 架雅克 –38 "铁匠"垂直／短距起降战斗机和 20 架卡 –25 反潜直升机，在改装以后可搭载米格 –29K 战斗机。除飞机外，它还装备了大量 SS–N–12 "沙箱"反舰导弹，具有同巡洋舰一样的水上打击能力。

相关链接 >>

"维克拉玛蒂亚"号航空母舰改造过程中把原本在舰首的武器全部拆除，加装滑跃甲板以便米格－29K滑跃起飞，斜角甲板加上3条阻拦索以便米格－29K在降落时使用着舰钩。此外，飞行甲板面积增大，原本已损坏的锅炉改成了柴油发动机。改造后的"维克拉玛蒂亚"号航空母舰变成了一艘缩小版的库兹涅佐夫级航空母舰。

▲ "维克拉玛蒂亚"号航空母舰

"维克兰特"号

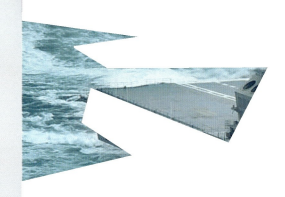

■ 简要介绍

"维克兰特"号航空母舰是印度海军自行设计和建造的第一艘中型航空母舰，以其强大的舰载机搭载能力和远洋作战能力，成为印度海军的重要力量支柱。

"维克兰特"号的研发工作始于1999年，由印度海军设计局承担设计工作，科钦造船厂负责建造。该航母的设计和建造充分考虑了印度海军的实际需求，旨在提升印度海军的远洋作战和航母编队作战能力。其建造过程历经波折，多次面临技术挑战和资金问题，但印度海军和科钦造船厂始终坚持不懈，最终于2022年成功将其交付海军服役。

2022年9月2日，"维克兰特"号航空母舰在印度南部喀拉拉邦水域正式服役，标志着印度成为继美国、俄罗斯、英国、法国、中国之后，第6个能够建造中型航母的国家。

基本参数	
舰长	262 米
舰宽	62 米
吃水	8.4 米
排水量	43000 吨
动力	4 台通用电气 LM2500 燃气轮机
航速	28 节
续航力	7500 海里 / 18 节
乘员	1400 人

■ 性能特点

"维克兰特"号航空母舰共有5层甲板，最上面的飞行甲板采用滑跃甲板设计，可满足固定翼舰载机起飞需求。4台发动机总功率为79434千瓦，航速达到了28节。舰载武器较为简单，主要有AK-630近防炮、印度国产远程和近程防空导弹，另外还包括"奥托·梅莱拉"76毫米舰炮、"巴拉克"舰空导弹垂直发射系统。

相关链接 >>

2021 年 6 月 20 日有报道称，"维克兰特"号航空母舰的海试原本计划在当年早些时候完成，但受到疫情的影响，进度延误。2022 年 7 月 28 日，印度国防部发表声明宣布，"维克兰特"号会很快进入海军服役，将搭载 30 架飞机，包括米格 –29K 战斗机、卡 –31 空中预警直升机、MH–60R 多用途直升机，以及国产的轻型直升机和轻型战斗机。

▲ "维克兰特"号航空母舰

加尔各答级驱

■ 简要介绍

加尔各答级驱逐舰是印度海军隶下的新型防空导弹驱逐舰，是印度国产驱逐舰建造计划"Project 15A"的产物。该级舰集成了多种先进技术和武器装备，具有较强的防空、反舰和反潜能力，是印度海军现役的主力作战舰艇之一。

加尔各答级驱逐舰的研发始于20世纪90年代末期，旨在替代老旧的德里级驱逐舰。该级舰在研发过程中广泛借鉴了国际先进经验和技术，如采用隐身设计、装备相控阵雷达和垂直发射系统等。然而，由于技术复杂性和印度国防工业的相对薄弱，该级舰的研发进程相对缓慢，经历了多次设计修改和延期。

加尔各答级驱逐舰的首舰于2014年正式服役，截至目前，已有3艘该级驱逐舰加入印度海军序列，其余舰只也在陆续建造和服役中。这些舰只的服役将进一步提升印度海军的作战能力和地区影响力。

基本参数

基本参数	
舰长	163 米
舰宽	17.4 米
吃水	6.5 米
排水量	6800 吨（标准） 7500 吨（满载）
动力	4 台燃气轮机 2 台柴油机
航速	32 节
续航力	8000 海里/15 节
乘员	250 人

■ 性能特点

加尔各答级驱逐舰采用由当今国际流行的相控阵雷达搭配垂直发射区域防空导弹组成的高性能防空作战系统设计，装备世界先进的以色列制 EL/M–2248 四面主动相控阵雷达，使用6组八联装防空导弹垂直发射系统发射"巴拉克"防空导弹。同时它装备 2 组八联装俄制 3S14E 垂直发射系统，可装填 16 枚"布拉莫斯"反舰导弹，还配备 2 架卡 –28PL 或 HAL 反潜直升机。

相关链接 >>

加尔各答级驱逐舰的舰体布局沿用
德里级的设计，运用了隐身设计的理念，
舰体采用折线过渡，舰首武器布置与德里级相
同，分为舰炮、防空导弹和反潜火箭深弹3
个武器区。主桅杆与舰桥融合在一起，后
方分别是第一排烟道、横向补给桁、后
桅杆、第二排烟道以及尾楼。第一排
烟道两侧挂有两艘硬式突击艇，舰
体设计相较于德里级简单许多。

▲ 加尔各答级驱逐舰

德里级驱逐舰

■ 简要介绍

德里级驱逐舰是印度海军在 20 世纪 80 年代末期开始建造的一款导弹驱逐舰，旨在强化海上力量投射和提升远海作战能力。该级舰具有较强的防空、反潜和对海打击能力，并配备了先进的电子战系统和传感器。

德里级驱逐舰的研发整合了多种国际先进技术和武器装备，特别是从俄罗斯引进的防空导弹系统。在设计过程中，印度海军充分考虑了未来作战需求和技术发展趋势，力求打造一款具有国际先进水平的新型驱逐舰。

首艘德里级驱逐舰于 1997 年初正式服役，标志着印度海军装备更新换代的重大进展。该级舰已有多艘在役，为印度海军提供了更强的区域拒止和火力投射能力。这些舰只的服役不仅提升了印度海军的整体实力，也对其地区战略地位产生了积极影响。

基本参数	
舰长	160 米
舰宽	17.4 米
吃水	5.5 米
排水量	5400 吨（标准） 6800 吨（满载）
动力	4 台燃气轮机 2 台柴油机
航速	30 节
续航力	4500 海里/18 节
乘员	324 人

■ 性能特点

德里级驱逐舰的武器装备全面而繁多，反舰武器包括 1 门俄制 AK-100DP 单管自动舰炮和 4 具四联装俄制 SS-N-25 反舰导弹；防空武器有 2 具单臂旋转发射器，发射俄制 SA-N-7/12 半主动雷达导引防空导弹；反潜武器为 2 具俄制 RBU-6000 反潜火箭发射器和 1 组俄制 PTA-533 鱼雷发射器，可发射俄制 SET-65E 主动/被动归向鱼雷和 53-65 型被动尾流归向鱼雷。除此之外，它还搭载 2 架"海王"反潜直升机。

相关链接 >>

德里级驱逐舰的设计大幅改良自卡辛级驱逐舰，因此全舰设计充满了"苏联味"，上层建筑结构复杂，并配备许多苏式侦测、火控与武器装备。由于该级舰的设计建造在 20 世纪 70 年代后期展开，许多装备也属于 20 世纪七八十年代的苏联水平，到 20 世纪 90 年代完成建造时，部分设计理念与装备都已落伍。

▲ 德里级驱逐舰

塔尔瓦级护卫舰

■ 简要介绍

塔尔瓦级护卫舰是印度海军的一款多用途护卫舰，以其出色的综合性能和隐身设计而闻名。该级舰集成了俄罗斯先进的武器系统和电子技术，具有较强的反舰、反潜和防空能力，是印度海军现代化建设的重要成果之一。

塔尔瓦级护卫舰的研发始于 1998 年，是印度与俄罗斯在军事领域合作的一项重要成果。印度在寻求提升海军作战能力的过程中，看中了俄罗斯"克里瓦克"Ⅲ型护卫舰，并在此基础上提出了隐身性和作战能力的双重提升要求。俄罗斯北方设计局承接了该项目，对原设计进行了广泛的重新设计，形成了现在的塔尔瓦级护卫舰。

首艘塔尔瓦级护卫舰于 2003 年交付印度海军，并很快形成了战斗力。截至目前，印度海军已装备了多艘塔尔瓦级护卫舰，成为其水面舰艇部队的中坚力量。这些舰艇在多次军事演习和地区安全事务中表现出色，赢得了印度海军的高度评价。

基本参数	
舰长	124 米
舰宽	14.7 米
吃水	4.2 米
排水量	3850 吨（标准） 4035 吨（满载）
动力	4 台燃气轮机
航速	27 节
续航力	8500 海里/20节
乘员	180 人

■ 性能特点

塔尔瓦级护卫舰上装配有 1 门 A-190E 型 100 毫米舰炮，"俱乐部"系列反舰导弹，SA-N-12 舰空导弹系统，"卡什坦"近程防御武器系统，2 具 DTA-53 型双联装 533 毫米鱼雷发射管（发射俄制 TEST-71M 大型线导反潜鱼雷），1 座 12 管 RUB-6000 型反潜火箭系统。

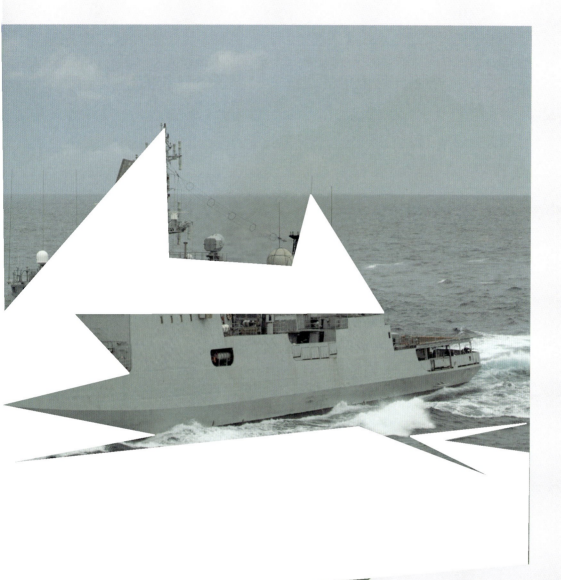

相关链接 >>

据《印度斯坦时报》网站2014年3月19日报道，印度海军遭遇了一系列尴尬事件。其中，海军消息人士称，在孟买进行的一次检查中，印度海军塔尔瓦级"特里苏尔"号隐身护卫舰的两个减摇鳍中的一个不见了，始终没有找到。

▲ 塔尔瓦级护卫舰

什瓦里克级护卫舰

■ 简要介绍

什瓦里克级护卫舰是印度海军隶下的一款大型多用途护卫舰，以俄制塔尔瓦级护卫舰为设计基础进一步改良而成，舰上有六成至七成的装备为印度自制，集成了多国的一流技术，具有较高的综合性能。其舰体设计简洁，隐身性能优越，满载排水量高达 6200 吨，具有强大的防空、反舰和反潜能力。

什瓦里克级护卫舰的研发始于 20 世纪末 21 世纪初，当时印度海军计划替换 20 世纪 70 年代服役的老旧护卫舰。该项目代号 Project 17，是在俄罗斯设计的塔尔瓦级护卫舰基础上进行放大改进，并融入了印度海军的特定需求和技术指标。在研发过程中，印度海军提出了更高的隐身性和作战能力要求，导致首舰在建造过程中多次更改设计，并引入了法国、意大利等西方国家的造舰巨头参与设计和建造工作，最终形成了东西合璧的"万国牌"护卫舰。

什瓦里克级护卫舰共建造了 3 艘，均以山脉名命名。首舰"什瓦里克"号于 2010 年服役，后续两艘分别于 2011 年和 2012 年服役。

基本参数	
舰长	142.5 米
舰宽	16.9 米
吃水	4.5 米
排水量	4600 吨（标准） 6200 吨（满载）
动力	2 台燃气轮机 2 台柴油机
航速	32 节
乘员	257 人

■ 性能特点

在舰载武器装备方面，什瓦里克级护卫舰采用意大利"奥托·梅莱拉"76 毫米舰炮的超级快速型，射速高达 120 发 / 分，并使用隐身炮塔。B 炮位使用 1 座 3S-90 单臂防空导弹发射器，能装填 24 枚 SA-N-7/12 防空导弹。反舰导弹配置是在 3S-90 后方加装 1 套 KBSM 3S14E 八联装垂直发射器，可装填印度和俄罗斯合作研发的"布拉莫斯"超声速反舰导弹，也可以装填俄罗斯的"俱乐部"反舰导弹。

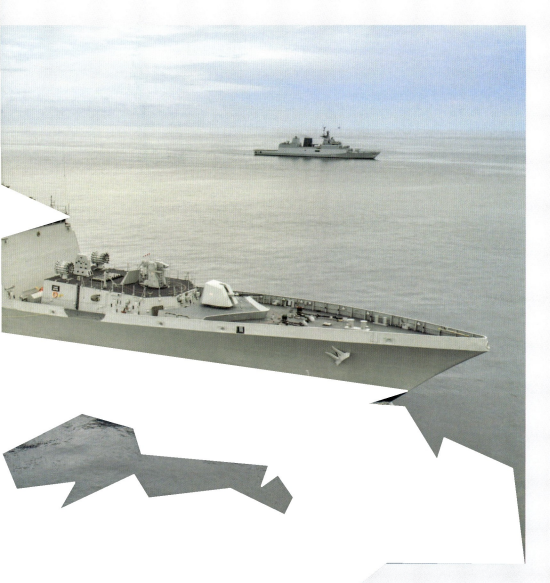

▲ 什瓦里克级护卫舰

相关链接 >>

　　在什瓦里克级护卫舰首舰开工前夕，印度海军的设计方案总是变化，又因为俄制 D-40S 钢材延迟到货，导致到了 2000 年 12 月 18 日才开始切割第一块钢板，2001 年 7 月 11 日安放龙骨，2003 年 4 月 18 日下水。2 号舰于 2002 年 10 月 31 日安放龙骨，2004 年 6 月 4 日下水。而 3 号舰则于 2003 年 9 月 30 日安放龙骨，2005 年 5 月 27 日下水。

格莫尔达级护卫舰

■ 简要介绍

格莫尔达级护卫舰或称 P28 型护卫舰，是印度海军新型的反潜护卫舰，主要特点为其强大的反潜能力，同时兼顾防空和反舰任务。该级舰设计紧凑，排水量适中，是印度海军近海防御和远洋护航的重要力量之一。

格莫尔达级护卫舰的研发工作始于 2006 年，在研发过程中，印度海军充分借鉴了国际先进护卫舰的设计理念和技术，并结合自身需求进行了优化。该级舰历时数年才完成研发，由印度本土的 Garden Reach 造船厂负责建造。

首艘格莫尔达级护卫舰于 2014 年 8 月 23 日正式服役，标志着该级舰正式加入印度海军的战斗序列。截至目前，印度海军已装备了多艘该级护卫舰，这些舰艇在多次军事演习和地区安全事务中表现出色，为印度海军的现代化建设做出了重要贡献。然而，值得注意的是，该级舰在防空系统和反潜装备方面仍存在一定的不足，有待后续改进和提升。

基本参数	
舰长	134.1 米
舰宽	16.7 米
吃水	4.5 米
排水量	2500 吨（标准） 3500 吨（满载）
动力	4 台柴油机
航速	29 节

■ 性能特点

格莫尔达级护卫舰以反潜作战为主要任务，因此特别注重静音特性。外形设计也符合现代战舰潮流，具有隐形意识，以散射雷达波的不连续倾斜面为主要外形特征。武器装备部分以反潜装备为主，装有 RBU-6000 反潜火箭弹、反潜鱼雷发射器，并搭配 76 毫米舰炮、"巴拉克"–1 等防空导弹。

相关链接 >>

格莫尔达级护卫舰在印度被视为其海军走向远洋的标志性军舰之一。与印度海军惯例相符，该级舰也配有相较吨位而言非常宽大的机库与直升机起降甲板，船楼结构为堡垒封闭式，符合核生化作战条件下的空气过滤标准。不过因该级舰的任务设定之故，并没有装配反舰与陆攻导弹，属于地位较低、主要负担巡逻与编队驱潜护航任务的二级舰种。

▲ 格莫尔达级护卫舰

基洛级潜艇

■ 简要介绍

　　基洛级潜艇是印度海军装备的一款重要常规潜艇，主要源自苏联 / 俄罗斯的技术转让和后续合作，这些潜艇以其出色的静音性能和作战能力在印度海军中扮演着重要角色。

　　印度装备的基洛级潜艇多为 877 型和 877EKM 型，这些潜艇是苏联 / 俄罗斯在 20 世纪 70 年代末至 80 年代初研制的，其以独特的水滴型舰壳设计和先进的降噪技术著称，被誉为"大洋黑洞"或"海底黑洞"，具有极高的隐蔽性。

　　印度海军于 1986 年开始购入 8 艘基洛级潜艇，之后又追加了 2 艘，是印度常规潜艇部队的主力之一。这些潜艇在印度海军中参与了多次军事演习和海上巡逻任务，为维护印度海洋利益发挥了重要作用。

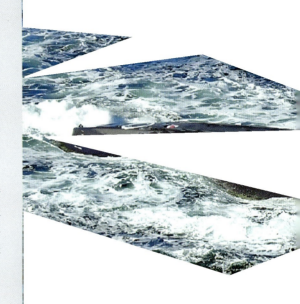

基本参数	
艇长	73.8 米
艇宽	9.9 米
吃水	16.6 米
排水量	2325 吨（水上） 3076 吨（潜航）
航速	10 节（水上） 17.5 节（潜航）
潜航深度	240 米
乘员	52 人

■ 性能特点

　　基洛级潜艇配备 MVU-110EM 战斗系统，能自动结合声呐、雷达来汇总所有战术情报，并将相关参数输入武器系统，能同时追踪 5 个目标，并同时自动接战其中 3 个目标。印度的改装中，将 877 型的声呐系统由 MGK-400/MGK-519 升级为 MGK-400EM/MG-519EM，改进冷却系统来提高舰上装备运作的可靠性，提高了俄制"俱乐部"潜射反舰导弹的攻击能力。

▲ 基洛级潜艇

相关链接 >>

　　1989年2月，基洛级潜艇"辛杜拉克沙克"号开始在印度海军服役。2008年，它在海上与商船发生碰撞，回港大修。2010年，在海军基地检修时，因电池故障引发大火，导致1名技师死亡，潜艇也瘫痪了很长一段时间。鉴于事故频发，印度海军认为是俄罗斯的生产质量不过关导致的，于是将潜艇送回俄罗斯进行整体检查和大修。

第二代迪帕克级补给舰

■ 简要介绍

第二代迪帕克级油弹补给舰是印度海军在21世纪初引进并服役的一款现代化远洋综合补给舰，主要用于支持印度海军舰艇编队的长时间远洋活动，是印度海军远洋作战的重要后勤保障力量之一。

第二代迪帕克级油弹补给舰的研发和建造工作主要由意大利芬坎蒂耶里集团负责。印度海军在2005年开始全球招标新一代远洋综合补给舰，经过评估后选择了意大利的设计方案。该级舰在建造过程中融入了先进的船舶设计和建造技术，确保其具有出色的航行性能和补给能力。

第二代迪帕克级油弹补给舰共有2艘，分别为"迪帕克"号和"沙蒂克"号。这两艘舰分别于2011年1月和10月正式服役，成为印度海军远洋补给力量的重要组成部分。它们的服役极大地提升了印度海军的远洋综合补给能力，为印度海军舰艇编队的长时间远洋活动提供了有力的保障。

基本参数	
舰长	175 米
舰宽	25 米
吃水	9.1 米
排水量	27500 吨（满载）
动力	2 台柴油机
航速	20 节

■ 性能特点

第二代迪帕克级油弹补给舰的显著特点是，其推进系统包含1具可调轴距螺旋桨，并拥有可搭载中型直升机的飞行甲板。舰队补油船配备2个舱口，可同时为4艘舰艇补给燃油。该舰可装载1280吨柴油、812吨淡水、2624吨重油、1495吨航空煤油。舰上的武器装备为4门"博斯福"40毫米舰炮和两门"厄立孔"20毫米近防炮。

相关链接 >>

按照国际海洋组织新的防污公约中关于环境保护的规定，第二代迪帕克级油弹补给舰采用了双壳体配置，为油箱提供了更大程度的保护，从而避免了发生碰撞或损坏时造成污染的风险。

▲ 第二代迪帕克级油弹补给舰

"乔迪"号舰队油船

■ 简要介绍

"乔迪"号舰队油船是印度海军于 1996 年向俄罗斯采购的一艘支援战舰。

20 世纪 80 年代末，印度海军的远洋需求越发强烈，但是印度此时拥有的补给舰只有订购自联邦德国的 2 艘迪帕克级补给油船。虽然印度海军于 1987 年向加登里奇造船厂订购了在迪帕克级基础上改进的"阿迪特亚"号，但是鉴于印度国内工业部门一直以来的拖拉作风，印度海军不得不将目光投向海外。当时适逢苏联解体，俄罗斯继承了苏联的大部分遗产，但很多项目俄罗斯都无法继续下去。于是印度海军看中了俄罗斯正在建造的卡曼达·费德科级补给油船。双方一拍即合，俄罗斯向印度海军出售了 1993 年 9 月开工建造的 3 号船，并按照印度海军的要求对其进行了局部改装。

该船于 1996 年 7 月 20 日交付给印度海军，被命名为"乔迪"号，舰号 A58。

基本参数	
舰长	179 米
舰宽	22 米
吃水	8 米
排水量	35900 吨（满载）
动力	1 台柴油机
航速	18 节

■ 性能特点

"乔迪"号舰队油船长 179 米，满载排水量 35900 吨，采用 1 台柴油机提供动力，单轴单桨，航速 18 节。该船左右两舷各设有 2 个补给站，船尾设有直升机起降平台。其最多可装载 20000 吨油料、2000 吨弹药和 800 吨干货。

相关链接 >>

在补给方面，"乔迪"号舰队油船采用的是苏联/俄罗斯设计的补给设备，只能进行液货补给，不能补给干货。它属于高平甲板型，采用单柱体对称布局，因此视野比较开阔，不会遮挡驾驶舱的视线。船桥右舷侧有1部大型吊车用于吊装。"乔迪"号无机库，所以不适合携带直升机出海。

▲ "乔迪"号舰队油船

米格 -29K 战斗机

■ 简要介绍

米格 -29K 战斗机是苏联 / 俄罗斯米高扬设计局在米格 -29 陆基型战斗机的基础上改进而来的舰载战斗机，其具备舰上起降的特殊设计和强化结构，以适应航母上的操作环境。

米格 -29K 的研发始于 20 世纪 80 年代，作为苏联多任务岸基米格 -29M 和舰载米格 -29K 项目的一部分。该项目旨在打造一款既能在陆地上也能在航母上执行任务的战斗机。经过多次试飞和测试，米格 -29K 于 1988 年 7 月 23 日首次试飞成功。然而，由于苏联解体，该项目曾一度陷入困境，但在俄罗斯和印度的合作下，米格 -29K 得以继续发展并最终投入生产。

印度是米格 -29K 的主要用户之一。自 2004 年起，印度开始订购米格 -29K 战斗机，并将其作为"维克拉玛蒂亚"号航空母舰的主要舰载机。米格 -29K 在印度海军中扮演着重要角色，主要执行舰队防空、反舰作战等多种任务。然而，印度海军在使用米格 -29K 过程中也遇到了一些问题，如完好率不足、坠机事故等。

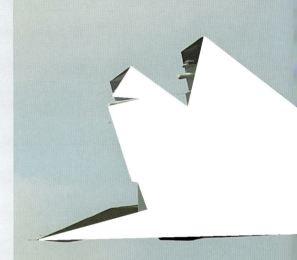

基本参数	
长度	17.37 米
翼展	11.4 米
高度	4.73 米
空重	13.38 吨
最大起飞重量	22.4 吨
发动机	2 台克里莫夫 RD-33MK 涡扇发动机
最大飞行速度	2400 千米 / 时（高空）
实用升限	约18 千米
最大航程	2000 千米 3000 千米（配 3 个外挂副油箱）

■ 性能特点

米格 -29K 战斗机在保留了强大对空作战能力的同时，更注重提高该机的对地攻击能力，所以该机所携带的武器也更加多样化。执行防空和截击任务时，该机可携带 R-77 中程拦截导弹和 R-73E 空空格斗导弹；执行对海攻击任务时，该机可携带 Kh-31A 和 Kh-35 反舰导弹。此外，该机的火控系统还可以兼容西方生产的空地武器。

▲ 米格 -29K 战斗机

相关链接 >>

米格 -29K 战斗机与此前的米格 -29 战斗机有一些微妙的不同，包括：配有性能更先进的多功能"鲁格雷"雷达；发动机进气口前端装有可收放式阻隔网，用以阻挡经进气口吸入的异物，发动机运转的同时，仍然保持足够进气量，这比米格 -29 更能保证发动机进气运作顺畅。

LCA "光辉" 战斗机

■ 简要介绍

LCA "光辉" 战斗机是印度斯坦航空公司为满足印度空军需求而研制的一款单座单发轻型全天候超声速战斗攻击机，主要任务是争夺制空权和近距支援，是印度自行研制的第一款高性能战斗机。

该战斗机的研发始于1983年，作为米格-21和Ajeet战斗机的后继机项目提出。在研发过程中，LCA "光辉" 战斗机遇到了诸多挑战，包括技术难题、资金短缺以及国际合作的不确定性等。然而，经过印度航空工业界的不懈努力，该战斗机在2001年成功实现了首飞，标志着印度在战斗机自主研发领域取得了重要突破。

尽管研发过程漫长且充满挑战，LCA "光辉" 战斗机最终还是于2016年正式服役于印度空军。自服役以来，该战斗机在多次军事演习和实战任务中表现出色，为印度空军的作战能力提供了有力支持。然而，由于种种原因，LCA "光辉" 战斗机的量产和装备进度相对缓慢，目前印度空军装备的该型战斗机数量有限。

基本参数	
长度	13.2 米
翼展	8.2 米
高度	4.4 米
空重	6.56 吨
最大起飞重量	13.5 吨
发动机	1 台通用电气 F404-GE-F2J3 涡扇发动机
最大飞行速度	1958 千米/时 (高空)
实用升限	16 千米
最大航程	1700 千米

■ 性能特点

LCA "光辉" 战斗机机体的 40% 都采用了先进的复合材料，不但有效降低了自重和成本，而且提高了在近距缠斗中对高过载的承受能力。机体复合材料、机载电子设备以及相应软件都具有抗雷击能力，这使得该机能够实施全天候作战。该机的气动外形能够最大限度地减少操纵面，提高外挂的选择性、增强近距缠斗的能力，同时它还继承了无尾三角翼优秀的短距起降能力。

▲ LCA "光辉"战斗机

相关链接 >>

2018 年 2 月，印度宣布考虑为 LCA "光辉"战斗机换装法国的相控阵雷达与发动机。为其换装的法制"光辉" Mark-IA 雷达实际上就是在"阵风"战斗机的 RBE2 雷达基础上简化而来的。加之法国始终是 LCA "光辉"战斗机项目的重要外援，印度此次换装法制雷达与发动机，可以视作将该项目整体打包给法国进行系统研发，因而 LCA "光辉"战斗机的最终定位将是"单发阵风"战机。

"北极星" 直升机

■ 简要介绍

　　"北极星"直升机也被称为 ALH（先进轻型直升机），是印度与欧洲直升机德国公司（现为空中客车直升机公司的一部分）联合研制的一款轻型多用途直升机，具有广泛的适用性和强大的任务灵活性。

　　"北极星"直升机的研发过程相对顺利，这得益于国际合作带来的技术共享与经验交流。从 1984 年开始，印度政府和德国 MBB 公司（现欧洲直升机德国公司）便签订了研制合同。在研发过程中，印度斯坦航空公司负责生产销售，确保了直升机的本土化生产和后续维护。经过多年的设计、制造和测试，该直升机于 2002 年前后开始服役。

　　"北极星"直升机自服役以来，已广泛应用于印度空军和海军的多个领域。它不仅可以执行运输、搜索、救援等任务，还具备强大的火力系统和航电设备，可用于攻击和特种作战。此外，"北极星"直升机还经历了多次升级和改装，以满足印度军队日益增长的作战需求。

基本参数	
长度	15.87 米
主旋翼直径	13.2 米
高度	4.05 米
最大起飞重量	5.5 吨
发动机	2 台赛峰（原透博梅卡）TM 333–2B2 涡轴发动机
最大飞行速度	280 千米/时
实用升限	6.5 千米
最大航程	827 千米
乘员	12 人

■ 性能特点

　　"北极星"直升机海军型装有可收放的轮式起落架和鱼叉式甲板锁定系统，尾梁可折叠，整流罩内也可以容纳浮筒式起落装置和蓄电池。驾驶舱串列双座，舱内装有炮塔、武器瞄准系统、武器挂架和尾轮。舱外吊架可携带 2 枚鱼雷 / 深水炸弹或 4 枚反舰导弹，舱内装有虚拟光电 / 红外瞄准吊舱和用于防御辅助传感器的显示装置。

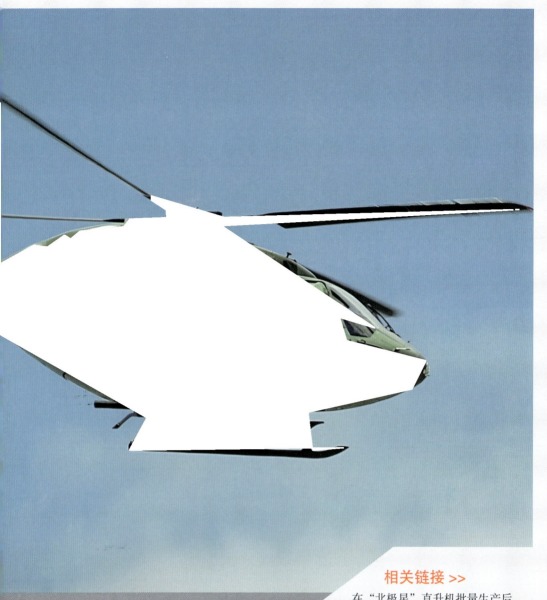

相关链接 >>

在"北极星"直升机批量生产后，印度斯坦航空公司准备向国际军火市场推出，远在南美洲的厄瓜多尔率先采购了7架。令人意外的是，在2009年厄瓜多尔的阅兵式上，军方派出一架"北极星"直升机去接总统，但途中却突然坠毁。之后，在厄瓜多尔服役的"北极星"又坠毁了3架。在厄瓜多尔遭遇种种问题后，印度这款直升机在国际军火市场彻底失去了客户的信任。

▲ "北极星"直升机

图书在版编目（CIP）数据

航空母舰战斗群 / 陈泽安编著 . -- 北京 : 海豚出

版社 , 2025. 5. -- ISBN 978-7-5110-7372-3

Ⅰ . E925.671-49

中国国家版本馆 CIP 数据核字第 2025PJ6939 号

出 版 人：王　磊

责任编辑：刘　璇

责任印制：蔡　丽

法律顾问：北京市君泽君律师事务所　马慧娟　刘爱珍

出　　版：海豚出版社

地　　址：北京市西城区百万庄大街 24 号

邮　　编：100037

电　　话：010-68325006（销售）　010-68996147（总编室）

印　　刷：河北松源印刷有限公司

经　　销：全国新华书店及各大网络书店

开　　本：1/16（710mm×1000mm）

印　　张：13.5

字　　数：200 千

印　　数：10000

版　　次：2025 年 5 月第 1 版　2025 年 5 月第 1 次印刷

标准书号：ISBN 978-7-5110-7372-3

定　　价：99.00 元